Wolfgang Gückelhorn

Die Geschichte des Bonner Regierungsbunkers im Ahrtal

Bau – Nutzung – Rückbau
1915-2007

Helios

„Die Geschichte des Regierungsbunkers“

Im romantischen Ahrtal befand sich über viele Jahrzehnte eine geheime Bunkeranlage, die im „Kalten Krieg“ als Regierungsbunker genutzt wurde. Diese aufwändige Anlage der Bundesrepublik Deutschland hat ihren Ursprung in den Jahren 1915-1918: Eine geplante und nie fertiggestellte Eisenbahnlinie mit fünf Tunneln zwischen Ahrweiler und Rech an der Ahr sollte die Versorgung der kaiserlichen Truppen in Frankreich unterstützen.
Nach Jahren ohne Nutzung wurden die Tunnel im 3. Reich als Arbeitsbeschaffungsmaßnahme und zur Champignonzucht verwendet. Ab 1943 produzierte die Rüstungsfirma Gollnow & Sohn darin Bodenanlagen für die A4-Rakete, besser bekannt als Vergeltungswaffe 2 (V2). In dieser Untertagefabrik kamen neben zivilen Beschäftigten und Soldaten der Deutschen Wehrmacht auch Kriegsgefangene, Militärinternierte, ausländische Zwangsarbeiter und KZ-Häftlinge zum Einsatz. In zwei Lagerbereichen waren Hunderte von Häftlingen untergebracht.
Nach der Verlegung des Betriebs nach Nordthüringen hatten die Menschen aus dem Ahrtal in den Tunnelanlagen Schutz vor alliierten Bombenangriffen gesucht.
Etwa um 1953 wurden die Eingänge der Tunnels durch die französische Besatzungsmacht gesprengt. Bis 1958 nutzte die Bundesschule des Technischen Hilfswerkes die Anlage für die Ausbildung von Helfern.
In der Hochphase des „Kalten Krieges“ zwischen 1958 und 1972 ließ die Bundesregierung die Tunnelanlagen zum atombombensicheren Bunker als Ausweichsitz der Regierung ausbauen. Mit der Wiedervereinigung Deutschlands und dem Zerfall des Warschauer Paktes verlor der Ausweichsitz seine Funktion. In den Jahren 2001-2006 wurde er zurückgebaut. Ab 2007 wurde auf den ersten 200 Metern des ehemaligen Bauteils 1 (Ost/Ost) das *Museum des Kalten Krieges* eingerichtet und im Frühjahr 2008 als *Dokumentationsstätte Regierungsbunker* eröffnet.
Die Geschichte der Bunkeranlage wird in dieser Publikation dokumentiert.

Impressum
1. Auflage 2008
2., überarbeitete Auflage 2009

Helios Verlags- und Buchvertriebsgesellschaft
Postfach 39 01 12, 52039 Aachen
Tel.: (02 41) 55 54 26; Fax: (02 41) 55 84 93
eMail: Helios-Verlag@t-online.de
www.helios-verlag.de
Bitte fordern Sie beim Verlag aktuelle Informationen zu lieferbaren Titeln an.

Printed in Serbia

ISBN 978-3-938208-94-6

Inhalt

Das ehemalige Westportal des Trotzenberg-Tunnels, später Westeingang von Bauteil 5 (West/West), Bauwerk 223 am Rotweinwanderweg (oberhalb der Bachstraße in Dernau) gelegen.

Vorwort

Seit dem Erscheinen der ersten Dokumentation „Lager Rebstock“ im Herbst 2002 hat sich in den Eisenbahntunneln zwischen Ahrweiler und Dernau vieles getan:
Der Rückbau des Ausweichsitzes der Verfassungsorgane – kurz Regierungsbunker genannt – ist im Jahre 2006 beendet worden. Zwischenzeitlich hatte der Heimatverein Alt Ahrweiler beschlossen, mit Unterstützung von Stadt, Kreis und Bundesfinanzministerium ein „Museum des Kalten Krieges“ in den ersten ostwärtigen 200 Metern des Kuxbergtunnels einzurichten und zu betreiben.
Wie schon der Name zeigt, ist das Thema des Museums die Darstellung des Regierungsbunkers der Bundesrepublik Deutschland. Er sollte zwischen 1972 und Anfang der Neunziger Jahre in einem atomaren Krieg einer Notregierung mit Beamtenapparat für 30 Tage ein Überleben gewährleisten.
Die Wiedervereinigung Deutschlands und das Zerfallen des Warschauer Paktes haben die Bundesrepublik vom Frontstaat zum Binnenstaat in einem zusammenwachsenden Europa gewandelt. Deshalb beschloss die Regierung Dr. Helmut Kohls 1999 den kompletten Rückbau der Anlage, nachdem keine anderweitige Verwendung der Stollenanlagen in Betracht kam.
Mit dieser Kurzfassung soll der Museumsbesucher darüber informiert werden, was in der Zeit des III. Reiches zwischen Ahrweiler und Rech in den ehemals fünf Eisenbahntunnel geschah.
Dabei liegen Dokumente und Fotos des Bundesarchiv/Militärarchiv in Koblenz und Freiburg, des Deutschen Museums in München und des Public Record Office aus London zu Grunde.
Die Farbfotos entstanden in der Rückbauphase unter Führung des ehemaligen Hausmeisters Paul Groß.

Bad Breisig im Frühjahr 2009 Wolfgang Gückelhorn

Quelle: Autor

Früher Westportal Kuxbergtunnel, heute Eingang BT 2 (Ost/West) Bauwerk 123. Der Talgrund links davon ist durch Erdabraum des Regierungsbunkers verfüllt und mit Weinanbau genutzt. Entlang der Straße stand 1944/45 das Barackenlager. Rechts unten liegt Marienthal.

Die Entstehungsgeschichte der Eisenbahntunnel von Ahrweiler bis Rech

Die Erschließung der Eifel durch Verkehrswege begann erst nach der napoleonischen Zeit. Die preußische Staatsregierung ließ Straßen bauen, um die rückständige Eifel wirtschaftlich zu entwickeln. Ab 1833 wurden im Rheinland die ersten Eisenbahnen gebaut: Zuerst Köln-Aachen, 1844 Köln-Bonn und dann 1858 die Verlängerung bis nach Koblenz. Mit der Eröffnung der Moselbahn Koblenz-Trier 1879 und der Querverbindung Düren - Euskirchen - Jünkerath - Gerolstein -Trier (1871) war der Anfang auch für die Eisenbahn in der Eifel gemacht. Bereits 1865 hatte die private Rheinische Eisenbahn die Erlaubnis erhalten, eine Querverbindung von Euskirchen über Rheinbach und Ahrweiler nach Sinzig zu bauen. Es blieb damals jedoch beim Plan. Als 1880 die Bahnen verstaatlicht wurden, waren die Strecken Bonn-Euskirchen und Remagen-Ahrweiler gerade in Betrieb gegangen.

In der Zeit zwischen den Kriegen 1870/71 und 1914/18 wurde die Eifel immer mehr erschlossen. Dabei spielten militärische Überlegungen eine große Rolle. Schwierige und kostspielige Streckenführungen durch die zerklüftete Eifellandschaft wurden vom Deutschen Reich großzügig geplant und gebaut. Lange vor Beginn des 1. Weltkrieges machten sich die Strategen in Berlin konkrete Gedanken über den Aufmarsch gegen den „Erbfeind" Frankreich und entwickelten den so genannten „Schlieffenplan". Unter Verletzung der Neutralität von Luxemburg, Belgien und der Niederlande wollte man Frankreich von Norden her überfallen. Der Krieg begann wie geplant, verlief dann aber ganz anders.

Am 6. Februar 1915 beschloss der Reichstag den Ausbau der Hauptbahn von Liblar nach dem Ahrtal (Dernau) durch Herstellung einer Abzweigung von Ringen nach Neuenahr. Man begann sofort mir den Bauarbeiten dieser „strategischen Linie" und selbst das Kriegsende im November 1918 führte noch nicht zum Abbruch dieser Maßnahme.

Als dann 1923 der Baustopp kam, war die Trasse von Rheinbach kommend über Ringen bis zum Anschluss an die Ahrstrecke in Rech fertig. Lediglich der Viadukt im Adenbachtal

Quelle: Autor

Ostportal des Herrenberg-Tunnels bei Rech während der Bauarbeiten 1915-1918

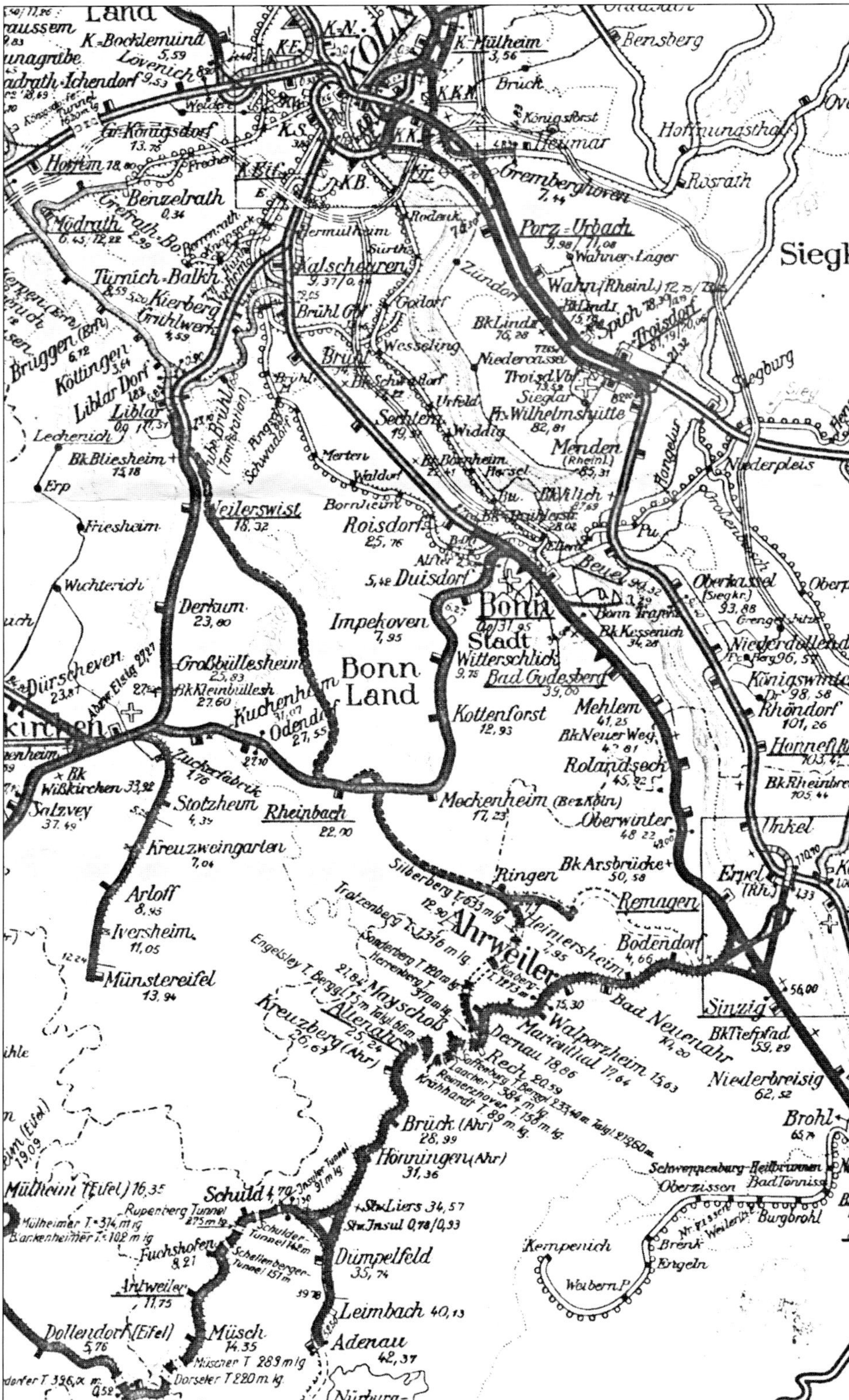

Streckennetz der Reichsbahndirektion Köln am 15. April 1944

Quelle: Autor

Quelle: Autor

Portal des Kuxberg-Tunnels während der Bauphase 1918

blieb unvollendet und die Schienen waren teilweise noch nicht verlegt. Es blieben fünf doppelgleisige Eisenbahntunnel mit schönen Portalen im Ahrtal: Der Silberbergtunnel - 660 m, der Kuxbergtunnel - 1285 m, der Trotzenbergtunnel - 1340 m, der Sonderbergtunnel - 120 m und der Herrenbergtunnel bei Rech mit 330 Metern Länge.

In den Zwanziger Jahren wurde ab und zu an die Vollendung dieser Linie gedacht, aber entweder hatte die Französische Besatzungsmacht Einwände oder es fehlte an Geld.

Nach 1933 wurden die Tunnel im Zuge von „Arbeitsbeschaffungsmaßnahmen“ genutzt, wie im Heimatkalender des Kreises Ahrweiler von 1936 zu lesen ist. Autor war der Kreisleiter und Landrat Dr. Simmer.

Diese Nutzung dauerte an, als sich Rüstungsexperten aus Berlin im Frühjahr 1943 nach geeigneten und vor allem bombensicheren Anlagen auch im Ahrtal umschauten. Die fünf Tunnel wurden begutachtet und als brauchbar bewertet. Ab Frühsommer 1943 begannen heimische Firmen unter der Regie großer Konzerne den Ausbau der Tunnel für Rüstungszwecke. Dabei wurde die Champignonzucht eingestellt und Produktionsanlagen eingerichtet.

Quelle: Klaus Kemp, Die Ahrtalbahnen, Freiburg 1983

Edelpilzzucht in Ahrweiler

Kreisleiter und Landrat Dr. Simmer

„Eingang zur Edelpilzanlage"
(Bild: Foto-Dahm, Bad Neuenahr)

Im wildromantischen Ahrtal, in dem der rubinrote Ahrburgunder wächst, der bereits durch seinen glänzenden Sieg über den französischen Rotwein im Dritten Reich überall bekannt geworden ist, baut man nunmehr auch Champignon-Edelpilze an, die bereits in ganz Deutschland versandt werden. Mit nationalsozialistischer Aktivität und mit vorbildlicher Zusammenarbeit und Unterstützung von Partei und Behörden, insbesondere der Stadt-, Kreis- und Provinzialverwaltung, ist hier eine Anlage geschaffen, die in ihrer Gesamtheit bereits die größte Deutschlands ist. Geradezu in idealer Weise eignen sich hierzu die Tunnels der sogenannten „Strategischen Bahn", deren Ausbau durch den Versailler Vertrag verhindert wurde. Der erste Tunnel in einer Größe von insgesamt rd. 3000 qm, ist bereits zur Hälfte, also mit 1400 qm angebaut. Die zweite Hälfte ist gerade im Anbau, also im Anlegen der Myceete begriffen. Insgesamt stehen zum Anbau in den gesamten Tunnels rd. 25 000 qm zur Verfügung. Die erste Anlage steht z. Z. in der Ernte und es werden hier, nachdem bereits rd. 115 Ztr. geerntet sind, schätzungsweise insgesamt 120 Ztr. zur Ernte kommen, also rd. 8 Pfund pro qm. Das würde bei vollem Ausbau der Gesamtanlage von 25 000 qm 200 000 Pfund oder 2000 Ztr. bedeuten.

„Gesamtansicht der Anlage"
(Bild: Foto-Dahm, Bad Neuenahr)

Der wirtschaftliche Wert dieser Anlage liegt zunächst in der Schaffung von Arbeit für bisher erwerbslose Volksgenossen, da gerade in der Stadt Ahrweiler die Wirtschaftskrise besonders stark in Erscheinung trat und die nunmehr dort beschäftigten Arbeiter zum Teil 7 bis 8 Jahre erwerbslos waren. Diesen Arbeitern ist damit eine dauernde Beschäftigungsmöglichkeit gegeben, so daß sich einige von ihnen bereits mit einem Eigenheim angesiedelt haben.

Darüber hinaus bedeutet dieser Anbau von Pilzen volkswirtschaftlich die Einsparung von Devisen, die bisher für den Bezug der Champignon-Pilze aus Frankreich einen recht ansprechenden Betrag ausmachten.

Ernährungswirtschaftlich gesehen bedeutet diese Pilzzucht eine vollkommen neue Erzeugung eines bedeutenden Ernährungsmittels auf deutschem Boden. Bekanntlich ist der Champignonpilz der eiweißreichste Pilz. Sein Nährwert in Eiweiß und Kohlehydraten steht beispielsweise über dem des Kalbfleisches wie auch des Rindfleisches.

Absatzschwierigkeiten sind bisher nicht aufgetreten und werden auch voraussichtlich in Zukunft nicht auftreten, da der Bedarf an Pilzen durch die Absperrung der Zufuhr aus Frankreich wegen Mangel an Devisen größer ist, als bisher angebaut werden konnte. Um einen gleichmäßigen Absatz garantieren zu können, ist gleichzeitig bereits die Möglichkeit zur Konservierung der Champignon-Pilze in der Zeit der Hochernte geschaffen, in der naturgemäß der Ernte-Ertrag pro Tag stärker sein kann als der tägliche Absatz. Diese Pilze, die also an demselben Tage der Ernte nicht abgesetzt werden können, werden in Büchsen konserviert.

„Bei der Ernte" (Bild: Michiels)

Insgesamt können in einem Jahr zwei Ernten erzielt werden, so daß für die Vorbereitung, Anlegung der Brut und Ernte insgesamt 6 Monate benötigt werden.

Die Arbeit einer Anlage beginnt mit der Vorbereitung des Düngers. (Präparation.) In den präparierten Dünger wird die Brut eingesetzt, aus der sich dann die Pilze entwickeln.

Die Probleme der Vorbereitung, Anlage und Züchtung liegen 1. in der Beschaffung des brauchbaren Pferdemistes, 2. in einer guten Brut, 3. in der Temperatur der Anlage.

Es kann nur Pferdemist verwandt werden von Pferden, die als Nahrung lediglich Hafer und Heu und ohne jeden Zusatz von Rüben, Stroh usw. erhalten, da sich sonst Keime bilden, die die Brut zerstören können. Auch die Qualität der Brut ist entscheidend für die Qualität und Quantität der Pilze. Bis jetzt muß noch die Brut aus dem Auslande, vor allem aus Frankreich und aus Ungarn bezogen werden. Es ist aber beabsichtigt und sind bereits Verhandlungen im

Gange, nach Möglichkeit eine eigene Brutzucht in den Kreis Ahrweiler hineinzubekommen.

Den dritten entscheidenden Faktor zum Gedeihen der Pilze bildet die Temperatur. Das Problem des Anbaues eines sehr nahrhaften Pilzes liegt in der Möglichkeit gleichbleibender Temperatur, denn der Champignon-Pilz wächst ja auch wild draußen im Freien. Dort wächst er eben wild auf, d. h. bei äußerst günstigem feuchtwarmem Wetter wächst er sehr schnell und nimmt außergewöhnlich viel Wasser in sich auf und bei entsprechend kühlerem Wetter wächst er entsprechend langsamer. Dagegen soll in der Edelpilzzucht durch die Gleichhaltung der Temperatur und der Feuchtigkeit ein Qualitätspilz mit möglichst hohem Nährwert und möglichst geringem Wassergehalt erzeugt werden. Die Temperatur in den angebauten Tunnels hält sich fast gleichmäßig um 13° herum.

Die Betriebsführung der gesamten Anlage erfolgt in der Form einer Genossenschaft mit einem Geschäftsführer, der für den geschäftlichen Teil verantwortlich ist, einem Betriebsführer, der für den technisch-betrieblichen Teil verantwortlich ist und dem Aufsichtsrat. Im Aufsichtsrat, mit dem Bürgermeister der Stadt Ahrweiler an der Spitze, sind sowohl die Arbeiter als auch führende verantwortliche Männer von Partei, Staat und Wirtschaft vertreten. Auch an den Stamm-Anteilen sind die beschäftigten Arbeiter beteiligt, so daß der gesamte Betrieb auf sozial-genossenschaftlicher Basis aufgebaut ist.

Wenn es nun noch gelingt, die Brut selbst im Kreise Ahrweiler herzustellen, wäre damit eine vollkommen neue Arbeitsmöglichkeit des Anbaues eines hochwertigen Nahrungsmittels auf deutschem Boden gewonnen.

Auszug aus: Edelpilzzucht in Ahrweiler von Landrat Dr. Simmer in: Heimatkalender des Kreises Ahrweiler, Jahrgang 1936, Seite 142-144

Champignonzucht im Kuxberg-Tunnel 1936-1943 Quelle: Autor

Wie es zur A4/V2-Rakete kam

Startendes A4, ab dem Ersteinsatz als V2 bezeichnet Quelle: Autor

Nach dem 1. Weltkrieg beschränkten der Versailler Vertrag jede militärische Entwicklung und Ausrüstung des 100.000-Mann-Heeres. Dennoch gelang es findigen Männern aus der Reichswehr und der Wissenschaft, die Entwicklung von Waffen im Geheimen zu betreiben, die das Deutsche Reich irgendwann wieder in die Lage versetzen sollten, die moralische und materielle Schmach des verlorenen Weltkrieges rückgängig zu machen.
Unter Adolf Hitler fielen alle Begrenzungen und die Rüstung für die Wehrmacht wurde ohne Rücksicht auf materielle und finanzielle Ressourcen vorangetrieben.
Als das Aggregat (A)4 Serienreife erlangt hatte, blickten die Raketenpioniere um Wernher von Braun auf 8 Jahre Entwicklungsarbeit zurück, in denen viele technische und organisatorische Schwierigkeiten überwunden werden mussten. Der finanzielle Aufwand erforderte geschätzte 6-8 Milliarden Reichsmark.
Die Serienrakete kostete etwa 240.000 RM und war für die Rüstungsindustrie wegen der Komplexität und der ständig notwendigen Änderungen eine beträchtliche Belastung.
Der militärische Wert dieser Fernwaffe stand in keinem verantwortbaren Verhältnis zum finanziellen Aufwand, da die Treffergenauigkeit nur für große Flächenziele ausreichend war. Am 17.3.1945 hat es den einzigen taktischen Einsatz von V2 auf das Punktziel Remagener Eisenbahnbrücke gegeben. Vom holländischen Deventer verschoss die SS-Werferabteilung 500 elf V2 nach Remagen. Die erste Rakete war auch der nächtsliegende Einschlag – 300 m von der Brücke entfernt. Die anderen schlugen bis zu 11 Kilometer westlich von Remagen ein. Ein Treffer in Ödingen hatte zivile Opfer zur Folge.
Die Vergeltungsangriffe auf England, Belgien und Frankreich forderten ca. 15.000 Todesopfer und etwa 46.000 Verletzte. 3700 Häuser wurden zerstört und über eine Million beschädigt.
Wenn man diesen Zahlen die Opfer bei der Produktion der Rakete gegenüberstellt, sollte jedem der Wahnsinn dieses Unternehmens bewusst werden. Allein im Mittelbau „Dora“ wurden mehr KZ-Häftlinge und versklavte Zwangsarbeiter aus vielen Ländern Europas getötet, als Menschen in den Zielgebieten durch Waffenwirkung.
Über die Opfer im Lager Rebstock liegen keine gesicherten Zahlen vor, dennoch gab es auch hier Todesopfer.
Nach vielen Rückschlägen bei der Entwicklung des A4 in Peenemünde erging am 26.7.1943 der Aufstellungsbefehl des Heereswaffenamtes für Sonderformationen zum A4-Kriegseinsatz.
Zu diesem Zeitpunkt hatten Techniker und Militärs noch sehr viele Probleme beim Versuchsschießen, die erst noch gelöst werden mussten. Dennoch sollten zwei Artillerie-Abteilungen am 1.9. (Art.Abt. 953) bzw. 1.10.1943 (Art.Abt. 836) mit der Ausbildung beginnen.
Für diese neue Waffengattung wurden im Heer Freiwillige gesucht und gefunden. Als Übungsplätze standen anfangs Karlshagen und Groß Born, später Heidelager in Polen zur

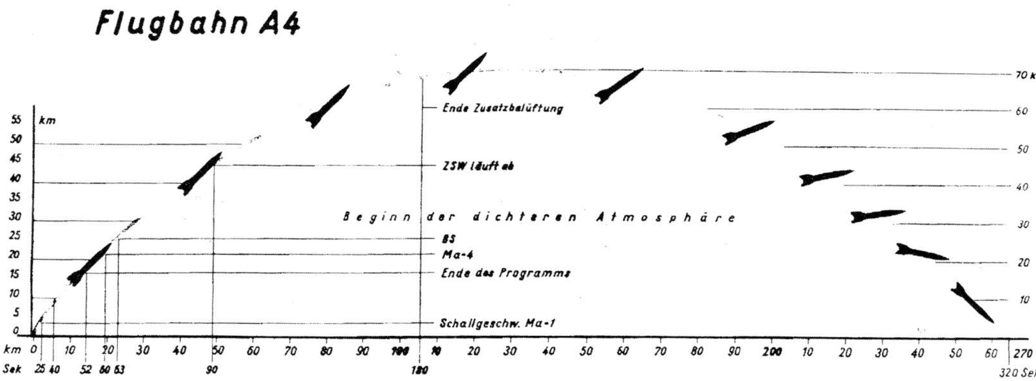

Quelle: A4-Gerätehandbuch

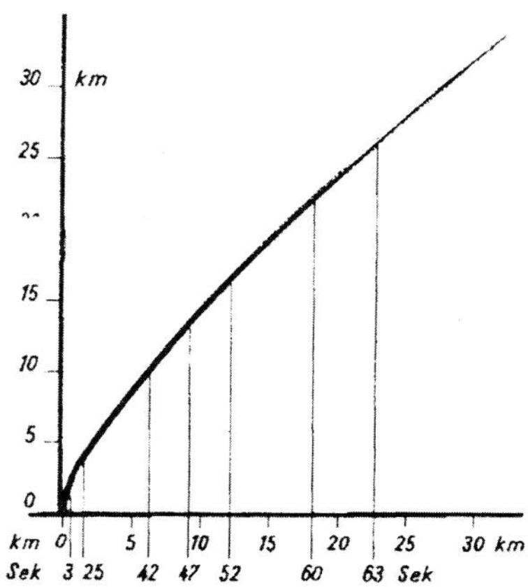

3	Sek.	LS-Aufschaltung
4	"	Beginn des Programms
25	"	Schallgeschwindigkeit Ma-1 (v-330 m/s)
40	"	Stauventil schließt Nutzlastspitze wird scharf gemacht
42	"	Ma-2 (v-660 m/s)
47	"	Ende Sperrung FT durch ZSW
52	"	Ende des Programms Ma-3 (v-990 m/s)
60	"	Ma-4 (v-1320 m/s)
ca. 63	"	BS Beginn Zusatzbelüftung des B-Behälters
90	"	ZSW läuft ab
180	"	Ende Zusatzbelüftung (Druckausgleich)

Verfügung. Zeitgleich mit der Aufstellung der Fern-Raketen (FR)-Verbände begann die Organisation Todt an der französischen Kanalküste mit dem Bau mächtiger Bunkeranlagen, aus denen London beschossen werden sollte. Für den Einsatz aus diesen stationären Anlagen war wahrscheinlich die Art.Abt. (t-mot) 953 vorgesehen.
Die Großbunker bei Watten, Wizernes und Siracourt wurden jedoch ab August 1943 von den alliierten Luftwaffen so zerbombt, dass die Wehrmachtsführung von diesem Vorhaben abließ und den A4/V2-Einsatz von mobilen Stellungen ausbilden ließ. In diesem Zusammenhang wurde auch Personal der Art.Abt. 953 zur Aufstellung der Art.Abt. (mot) 485 herangezogen. Beide mobilen Verbände haben im März/April 1944 die Ausbildung abgeschlossen.
Als Lehr- und Versuchseinheit fungierte die Batterie 444, die schließlich am 8.9.1944 den FR-Kampf in den belgischen Ardennen eröffnete.
Auf dem Schema Seite 41 ist die Gliederung der FR-Waffe vor der Umgliederung ab Mitte Januar 1945 zu sehen.
Die Fahrzeugausstattung einer FR-Batterie und der Treibstoff-Kolonne summierte sich auf 161 Kraftfahrzeuge und ist im Hinblick auf Lager Rebstock wichtig.
Die fahrzeugausrüstende Abteilung in Peenemünde – Deckname Heeres-Artillerie-Park 11/ HAP 11 – hat im September 1943 die Aufstellung sämtlicher Spezialkraftfahrzeuge der FR-Batterie organisiert. (Siehe Seite 19)
Hierin fehlen handelsübliche Kraftfahrzeuge, die nicht besonders ausgestattet werden mussten.

Zeittafel der V2-Entwicklung:

1927-1932	Raketenbegeisterte Wissenschaftler experimentierten. Hauptproblem war jedoch der Geldmangel.
1932	Offiziere des 100.000-Mann-Heeres interessierten sich für die Raketen, darunter auch Hauptmann Dr. Ing. Walter Dornberger. Dieser und der 20-jährige Physikstudent Wernher von Braun von der TH Berlin fanden so zusammen.
1937	Beide entwickelten das Aggregat A1. Dies war eine flüssigkeitsgetriebene Rakete, die 300 Kilopond Standschub brachte. Alkohol als Energielieferant und flüssiger Sauerstoff erzeugten beim Verbrennen den Schub, der das A1 2000 Meter weit trug. Dieser Erfolg machte weitere Gelder aus dem Militäretat frei: Heer und Luftwaffe ließen auf der Insel Usedom bei Peenemünde die großangelegte Heeresversuchsanstalt mit Luftwaffenanteil errichten.
1938	Das Heer forderte nun eine Rakete, die 1 Tonne Sprengstoff zuverlässig über 320 Kilometer ins Ziel tragen sollte. Dabei musste sie transportfähig sein und dem genormten deutschen Eisenbahnverlademaß entsprechen. Entwicklungsergebnis war die sogenannte Kriegsrakete, zuerst A4, ab dem Ersteinsatz am 8.9.1944 V2 genannt.
1939	Mit dem A5, etwa halb so groß wie das A4, wurde u.a. das Lenksystem erprobt.
1940-1941	In Peenemünde wurden die ersten A4 entwickelt und gebaut.
13.6.1942	Erster Probeschuss des A4, der jedoch fehlschlug.
16.8.1942	Der zweite Probeschuss war ein Teilerfolg, bei dem die Schallgeschwindigkeit überschritten wurde.
3.10.1942	Dieser Schuss war ein voller Erfolg, so dass nun die Serienfertigung befohlen wurde.
18.8.1943	Ein schwerer Luftangriff der Royal Air Force auf Peenemünde hatte zur Folge, dass die Produktion des A4 ins unterirdische „Mittelwerk“ bei Nordhausen am Südrand des Harzes verlegt wurde.

Quelle: V2 – gefrorene Blitze, Helios-Verlag 2007

Nach dem britischen Luftangriff am 17./18. August 1943 auf Peenemünde wurde der HAP 11 dezentralisiert. Unter Oberst Stegmaier wurde die Kommandostelle S gebildet, die in Köslin den Lehrstab und die FR-Schule betrieb und einen Versuchsstab unterhielt. Auf dem Truppenübungsplatz Heidelager, südlich von Warschau bei Blizna, konnte die Lehr- und Versuchsbatterie 444 mit A4 schießen.

Nach den ersten erfolgreichen A4-Schießversuchen im Herbst 1942 befahl Hitler am 22.11.1942 den Bau von Großbunkern im besetzten Nordwest-Frankreich, um von dort englische Städte, insbesonders London, in Schutt und Asche schießen zu lassen.

Die Planungen begannen sofort und ab Frühjahr 1943 arbeiteten 6000 Angehörige der Organisation Todt (OT) in Erperlecques bei Watten am ersten Großbunker. Die Maße: Länge 90 m, Breite 60 m und Höhe 21 m, davon 15 m über dem Geländeniveau.

Es sollten 200.000 Kubikmeter Beton und 20.000 Tonnen Baustahl verarbeitet werden. Der Bunker hatte einen Gleisanschuss, Lagerplatz für 108 A4 und eine eigene Flüssigsauerstoff-Gewinnungsanlage. Großzügige Tankanlagen im Innern für Sauerstoff, Alkohol, T- und Z-Stoff sollten den täglichen Verschuss von 36 A4 gewährleisten. Die OT baute in Tag- und Nachtschichten mit eigenen deutschen Fachleuten, vielen freiwilligen Franzosen die ihren Lebensunterhalt verdienen mussten und Zwangsarbeitern aus ganz Europa.

Für die Serien V2 galten folgende Werte:

Gesamtlänge	14,03 m
Rumpfdurchmesser	1,651 m
Spannweite der Leitflossen	3,564 m
Hülle	1 mm Stahlblech
Leermasse	3.129 kg
Startmasse	13.300 kg
Nutzlast	975 kg Sprengstoff
Triebwerk	Flüssigkeits-Raketentriebwerk
Brennstoff	Äthylalkohol + 25% Wasser (3965 kg)
Sauerstoffträger	Flüssigsauerstoff (4970 kg)
Förderpumpenantrieb	Dampfturbine mit 680 PS, angetrieben durch Wasserstoffsuperoxyd (180 kg)
Bordenergie	2 Batterien a 16 Volt
Startschub	245 Kilonewton
Schub bei Brennschluss (BS)	294 KN (30.000 Kp) / 650.000 PS
Beschleunigung beim Start	0,9 g = 9,2 m/s
Beschleunigung beim BS	5-7 g = 49-69 m/s
Höchstgeschwindigkeit	1600-1700 m/sec. = 5.760-6.120 km/h
Gipfelhöhe bei Weitschuss	80-100 km
Gipfelhöhe bei vertikalem Schuss	190 km
Reichweite	250-350 km
Flugzeit	ca. 5 Minuten

Quelle: V2 – gefrorene Blitze, Helios-Verlag 2007

Obwohl die Stahlbetondecken bis zu 5 m mächtig waren, gelang es der 8. US Air Force am 27.8.1943 mit 185 viermotorigen, fliegenden Festungen B 17 die im Bau befindliche Anlage so zu treffen, dass die Pläne reduziert bzw. aufgegeben wurden.
Weitere Angriffe bis zum 7. September führten dazu, dass nur noch die Produktionsanlage für Flüssigsauerstoff in Betrieb genommen wurde.
Die Zerstörung des Bunkers bei Watten veranlasste Hitler zum Befehl, den als Hauptlager vorgesehenen Bunker bei Wizernes als Abschussbunker vorzusehen. Bereits im September 1943 wurde mit den Arbeiten begonnen. Der Bunker hatte eine Stahlbetonkuppel von 90 m Durchmesser und 3,80 m Dicke in der Mitte.
Doch auch dieses Projekt blieb der alliierten Aufklärung nicht verborgen. Kleineren Angriffen im März folgte dann am 17. Juli 1944 der entscheidende Angriff der Royal Air Force, bei dem sie 5,2 Tonnen Tallboy Bomben einsetzte.
Obwohl kein direkter Treffer auf die Betonkuppel erzielt wurde, musste die komplette Anlage aufgegeben werden. Eine Million Tonnen Stahlbeton waren „in den Sand gesetzt" und der Plan, aus diesem Bunker bei Wizernes täglich 50 A4 zu verschießen, hinfällig. Im Übrigen eroberten bald auch kanadische Invasionstruppen diese Region.
Heute befinden sich in beiden Großbunkern bzw. den Überresten Museen, deren Besuch sehr informativ ist.
Der Bunkerfan Hitler hatte auch noch zwei weitere Abschussbunker auf der Halbinsel Contentin im Raume Cherbourg planen lassen. Bei Sottevast, 12 Kilometer südlich von Cherbourg, war eine Anlage wie bei Watten geplant und auch im Bau, als alliierte Fotoaufklärer die Baustelle erstmals am 31. Oktober 1943 fotografierten. Ab Februar 1944 begann das Bombardement. Die amerikanischen Invasionstruppen besetzten im Juli 1944 das Gelände und fanden einen zerstörten und unvollendeten Bau vor.

Die vierte Bunkeranlage bei Brecourt wurde wahrscheinlich gar nicht erst ernsthaft begonnen, weil die Verantwortlichen in Berlin und Peenemünde alle Pläne für den stationären, verbunkerten Abschuss der A4 ab dem Invasionsbeginn am 6.6.1944 ganz aufgegeben haben. Nun wurde mit Hochdruck daran gearbeitet, die V2 so schnell wie möglich von mobilen, schwer aufklärbaren Abschussstellen aus einzusetzen. Die Frontlage im Westen und Osten war katastrophal und die Machthaber in Berlin wollten endlich die niedergeschlagene Stimmung im Volke durch den Einsatz der sogenannten Vergeltungswaffen aufhellen.

Quelle: V2 – gefrorene Blitze, Helios-Verlag 2007

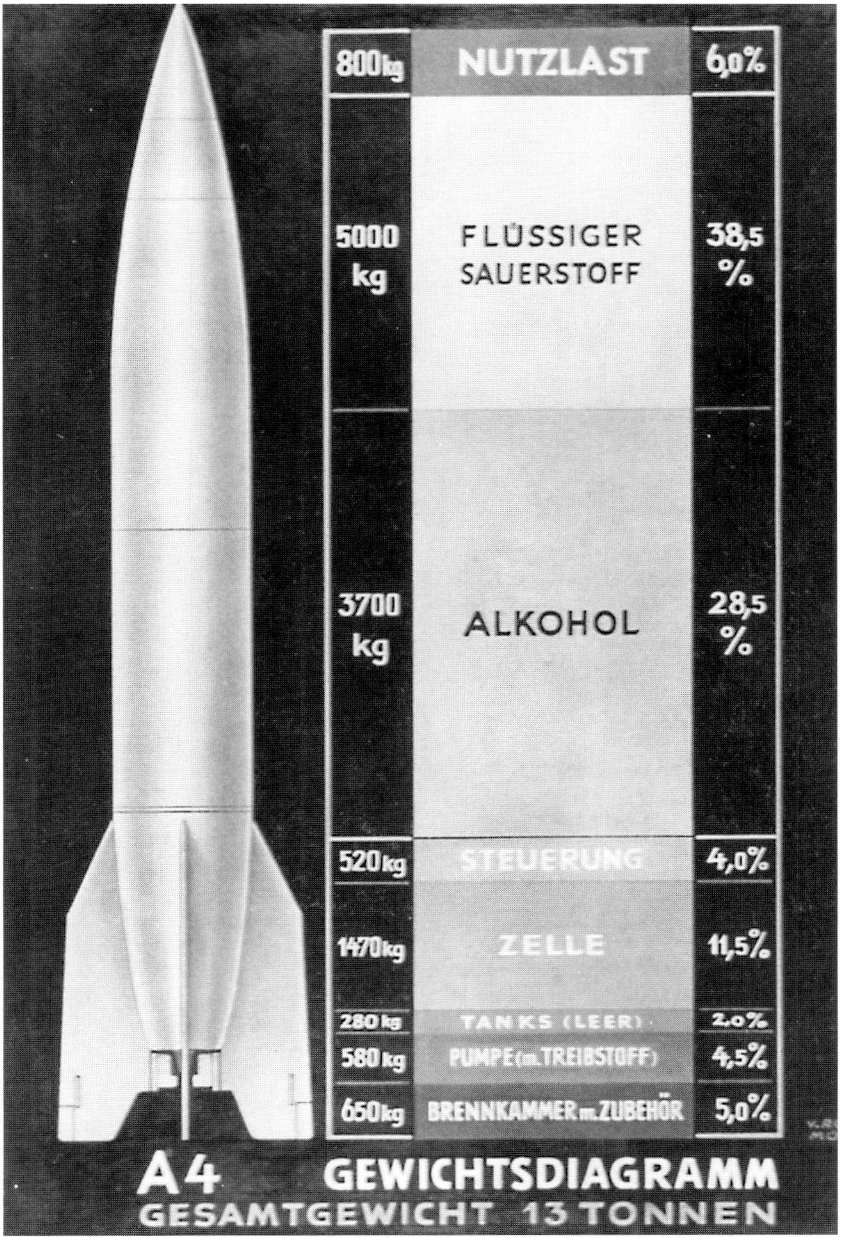

Quelle: Deutsches Museum München

Aus Pilzzuchtanlage wurde Lager Rebstock

Das Rüstungskommando (Rükdo) Koblenz war verantwortlich für die Einrichtung der Eisenbahntunnel zu Rüstungszwecken. Dort liefen alle Fäden zusammen, um aus der Champignonzucht eine arbeitsfähige Produktionsstätte zu machen.
Das Rükdo Koblenz veranlasste die Bereitstellung der Arbeitskräfte und war gleichermaßen zuständig für die Zuführung der Baustoffe, Baumaschinen und Energie (Strom, Kohle und Kraftstoffe).
Im Kriegstagebuch (KTB) des Rükdo Koblenz steht unter dem 17.12.1943, dass eine Besprechung der Verantwortlichen zur Maßnahme „Rebstock" stattfand. Das Ergebnis ist als Aktenvermerk in Anlage VII zusammengefasst (siehe gegenüberliegende Seite).
Der allgemeine Mangel an Arbeitskräften im fünften Kriegsjahr führte zu ständigen Umsetzungen, so dass das Rükdo Koblenz im KTB feststellte, dass „das Handwerk im Gegensatz zur kriegswichtigen gewerblichen Wirtschaft heute nicht mehr in der Lage ist, die ihm übertragene Kriegsfertigung und die ihm gestellten Aufgaben zur Sicherung der dringenden Versorgung der Zivilbevölkerung zu erfüllen".
Die Feststellung wurde begründet mit dem „Verlust einer erheblichen Zahl von Fachkräften durch Dienstverpflichtung für vordringliche Kriegsfertigung und für die Sonderbaumaßnahmen „Rebstock" und „Wellen".
Der Verlagerungsausschuss der Rükdo Koblenz befasste sich in 2 Sitzungen (18.1.1944 und 5.2.1944) mit kriegswichtigen Verlegungen; darunter an erster Stelle: OKH Wa Prüf 11 nach Rebstock. OKH Wa Prüf 11 war der Name für das A4/V2-Unternehmen, welche später in HAP 11 - Heeres-Artillerie-Park 11 umbenannt wurde.
In Bezug auf den Arbeitskräfteeinsatz wurde festgestellt, dass „zusätzlicher Kräftebedarf durch Sonderbaumaßnahmen (Rebstock, Obermosel, A7) und Verlagerungen" besteht.
Die Sonderbaumaßnahme Tunnelausbau A7 (Reichsbahntunnel Treis-Bruttig, Deckname „Zeisig") war angelaufen. Neben dem Einsatz von Häftlingen waren sofort 387 deutsche Arbeitskräfte – hauptsächlich Baufacharbeiter – zu stellen. Dieser Kraftakt war nur dadurch möglich, dass das Bauvorhaben Moselstaustufe (Energiegewinnung) vorerst teilweise stillgelegt wurde und Arbeitskräfte der Baumaßnahme Rebstock, deren Bauprogramm abgeschlossen war, und der sonstigen kriegswichtigen gewerblichen Wirtschaft entzogen wurden.
In einem KTB-Aktenvermerk vom 29.3.44 zur Baumaßnahme A7 steht, dass u.a. auch Vertreter des Bauunternehmens Wilhelm Fix aus Bad Neuenahr teilnahmen. Diese Firma hatte damals 12 Stammleute bei A7 im Einsatz. Den weiteren Bedarf von 309 deutschen Arbeitskräften dachte man u.a. durch 50 Facharbeiter aus der Baumaßnahme Rebstock decken zu können. Am 17.4. wurden erneut 50 Elektriker für A7 gefordert; viele davon hatten zuvor die Rebstocktunnel installiert.
Der Chef des Heereswaffenamtes, General der Artillerie Leeb, Oberstleutnant Gross und Hauptmann Jutzi besichtigten am 1. Juni 1944 die Fertigung der Fa. Gollnow und Sohn im Lager Rebstock. Diese Firma, Winkler & Dünnebier und Arnold Georg in Neuwied verlangten im II. Quartal 1944 eine größere Anzahl Maschinen zum sofortigen Einsatz für Sonderprogramme bzw. Umstellung der Fertigung.
Das Rüstungsamt stellte am 4. August 1944 fest, dass Eisenbahntunnel als unterirdische Räume im Ahrtal zur Verfügung stehen:

1. Silberbergtunnel (Ahrweiler) (XII b) - „Fasan"; 4800 qm verfügbare Fläche.
   Vorgesehen für die Firmen Funke und Rick, Hagen und das Volkswagenwerk. Es sollten dort Schrauben (Funke und Rick) und Fi 103 (V1) vom VW-Werk produziert werden.

Rüstungskommando Koblenz Koblenz, den 18. 12. 1943..
Gr. Ib (Rhd/St)

Anlage VII

A k t e n v e r m e r k

Betr.: Kräfteeinsatz; hier: Maßnahme "Rebstock"
Besprechung am 17. d.M. im Baubüro Rebstock mit anschliessender Besichtigung der Baustelle (ohne Fertigung)

Anwesend: Dr. Unger, Präsident des L.A.A. Moselland,
Gauobmann Dörner,
Kreisleiter des Kreises Ahrweiler,
Baurat Legat
Oberlt. Steinhoff
Angest. Schlangen, sowie weitere Herren } Bauleitung "Rebstock"
Hptm. Reinhard, Rü Kdo Koblenz
Reg.Rat Dr. Lehmhöfer, A.A. Ahrweiler.

---

a) Kräftebedarf der Baustelle:

1. Welle 350 Arbeitskräfte, (sind gestellt)
2. Welle 48 " (es fehlen noch 11 Mann)
3. Welle 80 " (sind gestellt)
4. Welle 10 Elektriker (6 davon sind eingetroffen, die 4 restlichen werden in den nächsten Tagen die Arbeit aufnehmen.)
5. Welle 100 Arbeitskräfte. - Dr. Unger sagt zu, 62 ital. Mil. Internierte sofort zur Verfügung zu stellen Diese Leute sind für das RAW Trier bestimmt, das sie jedoch nicht richtig einsetzen kann, weil di Unterbringungsmöglichkeiten noch nicht restlos vorhanden sind. Das RAW Trier erhält Ersatz aus Transporten von Ukrainern, die in den nächsten Tagen eintreffen. Der Rest von 38 Arbeitskräften ebenfalls ital. Mil.Int., wird den Be- und Entladekolonnen des Nbv. entnommen. Sie stehen Mitt der nächsten Woche zur Verfügung. Der Nbv. erhäl als Ersatz ebenfalls Ukrainer, die mit den nächsten Transporten eintreffen.
6. Welle 5 Installateure; Präsident Dr. Unger gibt die Zusicherung, diese 5 Arbeitskräfte Anfang der nächsten Woche zu stellen.

b) Fertigung:

Es werden benötigt:

4 Stenotypistinnen
3 Fernschreibereinnen
3 Telefonistinnen
11 Schreibhilfen, davon 5 männlich
6 technische Kaufleute
1 technischer Zeichner
2 Karteiführer
1 Sachbearbeiter für Lohnbüro
7 Putzfrauen
4 Tischler
45 Hilfsarbeiter.

Vordringlich ist der Bedarf an Tischlern und Hilfsarbeitern. Dr. Unger sagt zu, diese 4 Tischler möglichst umgehend zu stellen, ferner 20 0 starbeiter. Ausserdem soll das A.A. Ahrweiler die 30 im Bezirk vornandenen Kriegsversehrten Anfang der nächsten Woche auf das Amt bestellen, damit gemeinsam mit der Bauleitung geprüft werden kann, ob nicht ein Teil dieser Kriegsversehrten für Büro-oder sonstige Arbeiten eingesetzt werden kann.

Legende: L.A.A. = Landesarbeitsamt, A.A. = Arbeitsamt Quelle: BAMA, Freiburg

2. a) Kuxbergtunnel - „Rebstock“ 11.000 qm Fläche
   Oberkommando des Heeres, Wa Prüf 11, Fa. Gollnow & Sohn in Betrieb
   b) Trotzenbergtunnel, 11.600 qm, vorgesehen für Volkswagenwerk, V1-Endmontage
   c) Sonderbergtunnel, 1.000 qm, vorgesehen für Volkswagenwerk, V1-Endmontage
   d) Herrenbergtunnel, 3.200 qm, vorgesehen für Volkswagenwerk, V1-Endmontage

Anmerkung des Verfassers:
Zu diesem Zeitpunkt und bis Mitte Dezember 1944 wurden die Tunnel 2 b, c und d tatsächlich von Lager Rebstock, Fa. Gollnow & Sohn genutzt.

Was hat Rebstock produziert?

Wernher von Braun, der Leiter der A4-Entwicklung, steuerte von Peenemünde (Karlshagen) aus die Entwicklung bzw. Produktion der Raketen und der Bodenfahrzeuge. Am 17. März 1944 lud er zu einer Arbeitstagung alle beteiligten Techniker, Wehrmachtsoffiziere und Firmenvertreter ein, um am 24. und 25. März 1944 im Lager Rebstock die anstehenden Probleme mit den Bodenfahrzeugen besprechen zu lassen.
Im Lager Rebstock ging es dabei vorrangig um die Fahrzeuggruppe 1, die in der Feuerstellung zum Einsatz kommen sollte.

Quelle: Autor

Links Generalmajor Dr. Ing. Walter Dornberger, rechts Dr. Wernher von Braun

In der Besprechungsniederschrift vom 25.3.1944 wurde u.a. Stellung genommen zu den Fahrzeugen:
101 – Feuerleitpanzer
102 – Fernraketenanhänger (Meillerwagen)
103 – Abschlussplattform – Anhänger
105 – Stromversorgungswagen (Steyr)
108 – Kabeltrommelanhänger (2-achs)
110 – Kabeltrommelanhänger (1-achs)
Neben den aufgetretenen Mängeln und deren geplanter Behebung wurde auch die Fertigungslage im Lager Rebstock dargestellt und bestimmt, welche Abteilung/Batterie beliefert werden sollte.
Etwa einen Monat vor dem ersten Einsatz der A4/V2 aus den Ardennen wurde ein Bereitstellungsplan gefasst, der die Fahrzeugausrüstung der beiden Artillerie-Abteilungen 485 (Gruppe Nord) und 836 (Gruppe Süd) festlegte.

Geh. Kommandosache

Aufstellung sämtlicher Mot-Fahrzeuge

Gruppe I	Nr. 101	*	Sonder-Kfz.7 mit gep.Spezialaufbau
	" 102	*	FR-Anhänger (S) (3-achs.)
	" 103		Abschußplattform-Anhänger (1-achs.)
	" 104	*	Maschinensatz 11 (Strüver)
	" 105	*	Lkw 2 t (Steyr) als Stromversorgungswagen
	" 106	*	Lkw 3 t geschl. (305) Prüfwagen I
	" 107	*	Lkw 3 t geschl. (305) Prüfwagen III
	" 108	*	Kabeltrommelanhänger (2-achs)
	" 109		Sonder-Kfz. (Turmwagen)
	" 110	*	Kl.Kabeltrommelanhänger (1-achs)
Gruppe II	" 201	*	Lkw 3 t geschl. (305) Bs-Anlage 1
	" 202	*	Lkw 3 t geschl. (305) Bs-Anlage 2
	" 203		BS-Anhänger Type C (1-achs)
	" 204	*	BS-Antennen-Anhänger (1-achs.)
	" 205		Lkw 3 t geschl. (Maultier) LS-Sende-KW
	" 206		Lkw 3 t geschl. (Maultier) LS-Geräte-KW
	" 207		LS-Antennen-Anhänger (1-achs.)
	" 208	*	LS-Kontroll-Antennen-Anhänger (1-achs)
	" 209		Lkw 3 t geschl. (305) elektr.Vermessungs-Anlage
Gruppe III	" 301		4,5 t Lkw geschl.I
	" 302		4,5 t Lkw geschl.II
	" 303		4,5 t offen III
	" 304	*	Lkw 3 t geschl.(305) FR-Ersatzteile
Gruppe IV	" 401	*	A-Stoff-Anhänger 5 (2-achs)
	" 402	*	A-Stoff-Anhänger 6 (2-achs)
	" 403		Kessel-KW 2900 l B-Stoff
	" 404		Kessel-KW 3500 l B-Stoff
	" 405	*	T-Stoff Lkw Type Kkw T 2100
	" 406	*	Pumpen-Anhänger Type A (1-achs)
	" 407		T-Stoff-Vorwärmer-Anhänger (1-achs)
	" 408	*	Lkw 4,5 t geschl. als Sammler-Lkw (heizbar)
	" 409		Löschanhänger (1-achs)
Gruppe V	" 501	*	Lkw 3 t geschl. (305) Prüfwagen II
	" 502	*	Lkw 3 t geschl. (305) Kabelwagen II
	" 503	*	Lkw 3 t geschl. (305) elektr.Ersatzteile
	" 504		s.Maschinensatz I
	" 505	*	Umformer-Anhänger 220/380 auf 27
	" 506	*	Luftverdichter-Anhänger (2-achs)
	" 507		Lkw 3 t offen Werkzeuge- u.Ersatzgerät
	" 508	*	Lkw 4,5 t geschl. als Sammler-Lkw (heizbar)
	" 509	*	Ladestation -Anhänger Type B (2-achs)
	" 510	*	Lkw 3 t geschl. (305) FR-Ersatzteile
	" 511	*	Zweiachs-Anhänger Kfz. Werkstattwagen
Gruppe VI	" 601	b	FR-Transport-Anhänger (2-achs)

Quelle: BAMA Freiburg

Anmerkung des Autors: Die mit * bezeichneten Fahrzeuge wurden im Lager Rebstock (LR) bearbeitet.

Am Beispiel des Fahrzeugs 101 (Feuerleitpanzer) wurde einer Aktennotiz dargestellt, welcher Zeit- bzw. Personalbedarf für die von der Truppe verlangten Änderungen im LR kalkuliert wurde.

Die schmerzenden Materialengpässe in dieser Phase der Kriegswirtschaft wurden klar herausgestellt. Der Fertigungszustand der Fahrzeuge im LR und die vorgesehenen Front- und Ausbildungseinheiten wurden dargestellt.

Das Fahrzeug 305, der 3 t LKW mit geschlossenem Kastenaufbau auf Opel-Blitz-Fahrgestell und im LR modifiziert in die Fahrzeuge Nr. 106, 107, 201, 202, 209, 304, 501, 502, 503 und 510 wurde bearbeitet durch einen Betrieb aus Ahrweiler: Die Firma Geschier fertigte Einbauten für dieses Spezialfahrzeug.

Eine weitere sehr wichtige Aufgabe hatten Ingenieure im LR, die Prof. von Braun unterstellt waren. Am 19.9.1944 erließ dieser eine Dienstanweisung, in der die Fertigungsaufsicht Spezialfahrzeuge (FAS) definiert wurde. Der Dienstsitz der FAS war Karlshagen bei Peenemünde (Leiter Dr. Mahlo), eine Nebenstelle befand sich im Lager Rebstock, deren kommissarischer Leiter Baurat Krause und sein Stellvertreter Dipl.-Ing. Pauls waren.
Für Lager Rebstock wurden neben Dipl.-Ing. Pauls die Sachbearbeiter Staadt, Kempein, Voigt, Schredes – allesamt Ingenieure – genannt. Aufgabe dieser Spezialisten war die Überwachung bei der Fertigung und der Abnahme in Zusammenarbeit mit Heeresabnahmestellen. Darüber hinaus sollten Änderungen, die auf Grund von Truppenerfahrungen notwendig wurden, durchgeführt und nicht zuletzt eine technische Betreuung der an die Truppe ausgelieferten Fahrzeuge vorgenommen werden.

Feuerleitpanzer Fahrzeug Nr. 101

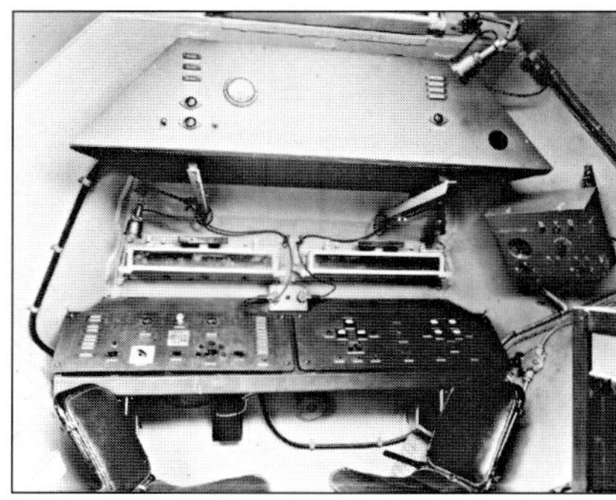

Bedienpulte im Feuerleitpanzer

Fernraketenanhänger Nr 102 (Meilleranhänger)

Prüfwagen Nr 106/107 /Opel Blitz, Typ 305)

Strüver-Maschinensatz Nr 104

Kabeltrommelanhänger Nr 108

Quellen: Public Record Office, WO 208/3131 und Deutsches Museum München, GD 639.5.18, RAF Cosford, Operation Backfire

Die Rebstockfirma Gollnow & Sohn

Nach Ende des 2. Weltkriegs hatte sich die alliierte Auswertung mit besonderem Interesse der deutschen Fernraketenentwicklung gewidmet: Über die Firma Gollnow & Sohn aus Stettin wurde recherchiert, dass der Firmenbesitzer sich bereits seit 1923 für Raketen interessierte. Der Betrieb produzierte „Sonderwagen“ und war im „Hauptausschuss A4“ mit Führungskräften vertreten. Des Weiteren führte der G&S-Mitarbeiter Dr. Simon die Sonderausschüsse „Sonderwagen“ und „Steuerapparate“.

Über „Rebstock“ hatten die Alliierten festgehalten, dass der Gollnow-Betrieb zuerst in Dernau-Marienthal in einer Untertagefabrik die Bearbeitung und Ausstattung von Spezialfahrzeugen für das A4-Programm (V2) vornahm. Auch der spätere Umzug nach Artern war ihnen bekannt.

Die Nachrichtendienstler ermittelten, dass der Dernaubetrieb „Feuerleitpanzer, Sendewagen, Antennenwagen, Stromerzeugerwagen, Steyrwagen, Meillerwagen, Abschusstisch, Kabelwagen und Werkstatt-LKW“ produzierte und ausrüstete.

„Der Betrieb beschäftigte 800 Wehrmachtsangehörige, 200 davon Kriegsversehrte. Der Rest machte einen 4-6 Wochenlehrgang, jeweils 50 gleichzeitig. Arbeit wurde geleistet von 7000 russischen und italienischen Kriegsgefangenen.“

Ergänzend zu dieser Analyse sei festgestellt, dass G&S bereits im Stettiner-Mutterwerk Bodenanlagen für das A4-Programm herstellte. Es handelte sich schließlich um eine bekannte Werft- und Stahlbaufirma, die sich durch besondere Leistungen auf dem Gebiet des Stahlbrückenbaus und der Waffenproduktion auszeichnete. Aus den Unterlagen des Deutschen Museums geht hervor, dass an den Besprechungen zur Koordination und Durchführung des A4-Programms und dessen Bodenanlagen von G&S folgende Führungskräfte teilgenommen haben:

Dr. Ing. Gollnow jun.
Direktor Dr. Stücker
Dr. Ing. Spiegel
Dipl.-Ing. Engel
Dipl.-Ing. Oesterheld
Dipl.-Phys. Ponsel
Ing. Striebeck

Vom Lager Rebstock – TD531 – waren für G&S dabei:

Dipl.-Ing. Gengelbach II
Ing. Staadt
Ing. Heinisch
Dipl.-Ing. Pauls
Ing. Decker
Ing. Edler
Ing. Vogt
Ing. Schefter
Leutnant Seidel
Hauptmann (w) Spang
Baurat Krause
Ing. Kempeni
Dipl.-Ing. Voigt
Ing. Schwedes
FAS Dr. Mahlo

Quelle: PRO, WO 0208/3121

Der aufgerichtete Kipprahmen mit ausgeschwenkten Stützplatten von Fahrzeug 102
Quelle: Autor

Die Artillerie-Abteilung (mot) 836 schoss in der Nachbarschaft

Durch den schnellen Vorstoß der Briten und Amerikaner gegen Ende August 1944 nach Belgien und Holland hinein, war der geplante Einsatz der Art.Abt. 836 aus diesem Gebiet unmöglich geworden. Die Division z.V. (Division zur Vergeltung) befahl für die zwei einsatzbereiten Batterien der Abteilung Feuerstellungsräume in der nördlichen Eifel.

Am 8. September 1944 bezog die 3. Batterie/836 Waldstellungen 3,5 Kilometer südwestlich von Rheinbach (s. originale Feuerstellungsskizze unten) und die 2. Batterie stellte die Abschusstische im Kottenforst zwischen Meckenheim und Bad Godesberg auf.

Damit befanden sich die FR-Abschussstellungen der Gruppe Süd nur 12-13 km nordwestlich bzw. nördlich des Lagers Rebstock.

Die 3. Batterie schoss vom 15.-21.9. 10 Raketen, ab diesem Zeitpunkt „V2“ genannt:

7 nach Lille
2 nach Mons
1 nach Arras.

Anschließend verlegte die Einheit nach Roßbach in den Westerwald in eine neue Stellung.

Die 2. Batterie verschoss insgesamt 34 V2 in der Dekade vom 15.-25.9.1944:

10 auf Lille
6 auf Cambrai
5 auf Arras
5 auf Charleroi
4 auf Tourcoing
4 auf Mons.

Danach wurde eine neue Feuerstellung bei Helferskirchen im Westerwald bezogen.

Im September 1944 waren die schießenden Batterien noch nicht komplett mit den Spezialfahrzeugen aus Rebstock ausgerüstet und dort arbeitete man mit Hochdruck an der Ausstattung für die Truppe.

Quelle BA MA, Freiburg
RH 41/1196 und 1194 a

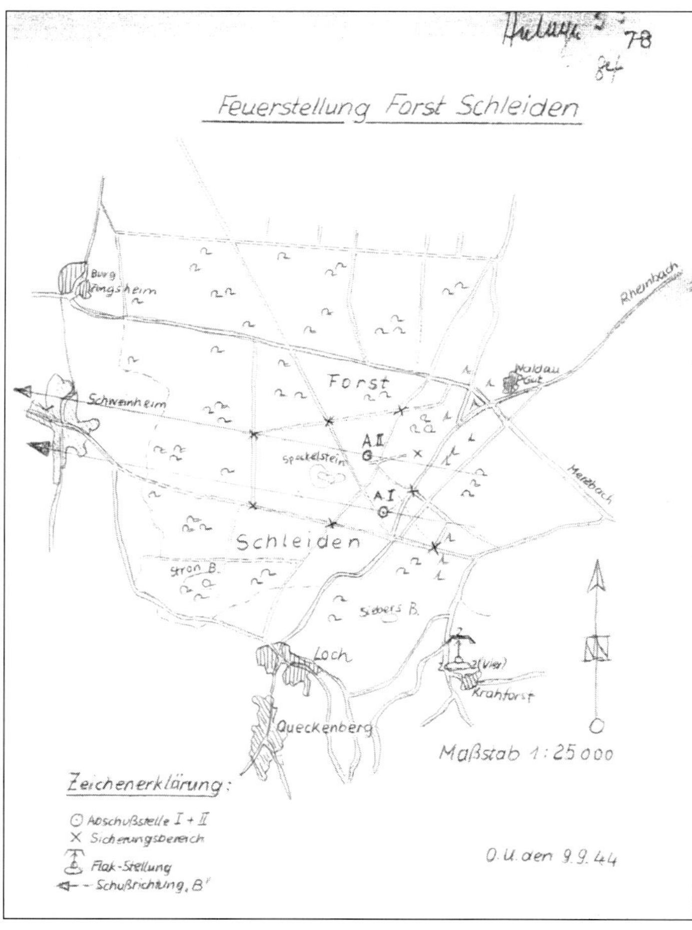

Feuerstellungsraum der 3. Batterie im Wald südwestlich von Rheinbach

Das Volkswagenwerk wollte das Lager Rebstock nutzen

Im Januar 1943 wurde dem Volkswagenwerk die Funktion des Hauptlieferanten der V1-Zelle zugesprochen. Die „Vergeltungswaffe" V1 war die Konkurrenzentwicklung der deutschen Luftwaffe und ein Marschflugkörper, der nur 3500,– Reichsmark kostete. Ab August 1943 sollten die ersten Flugkörper produziert werden und ab 1944 monatlich schließlich 5.000 Stück.
Nachdem sowohl die Fieseler Werke in Kassel als Entwickler der Fi 103 (V1) am 22.10.43 bombardiert und einige Zulieferbetriebe für die elektrischen und navigatorischen Geräte durch Bombenangriffe gestört waren, suchten die VW-Leiter bald nach Untertageanlagen. Ab Oktober 1943 plante die Luftwaffenführung die Endmontage der V1 in den Untertageanlagen eines Erzbergwerkes bei Tiercelet nahe Metz in Lothringen.
Das Heer seinerseits hatte nach dem schweren Luftangriff der Royal Air Force auf Peenemünde am 17./18.8.1943 die Stollen der Mittelwerk GmbH bei Nordhausen im Auge, um dort die A4 (V2) zu produzieren.
Während KZ-Häftlinge die Stollen in Tiercelet ausbauten, wurden auch die Eisenbahntunnel im Ahrtal bei Dernau für die Führung der VW-Werke interessant. Am 5.8.1944 unterbrach ein alliierter Luftangriff auf das VW-Hauptwerk die Fertigung für 14 Tage und es war abzusehen, dass weder in Tiercelet noch in Dernau aufgrund des schnellen Vormarsches der Invasionstruppen eine Produktion erwartet werden konnte. Immerhin waren zu diesem Zeitpunkt schon 40.000-80.000 m² Untertagefläche in Tiercelet fertig gestellt und die Produktionsmaschinen installiert. Im Ahrtal waren am 4.8.1944 der Silberbergtunnel mit 4.800 m², der Trotzenbergtunnel (11.600 m²), der Sonderbergtunnel (1.000 m²) und der Herrenbergtunnel mit 3.200 m² Produktionsfläche für das Volkswagenwerk mit der V1-Montage vorgesehen.
Faktisch jedoch hatte Gollnow & Sohn (HAP 11) alle fünf Tunnel mehr oder weniger bereits seit Herbst 1943 belegt. In einer Besprechung mit Wernher von Braun (A4) und dem Produktionssachverständigen des VW-Werkes Stephan, versprach von Braun die Räumung von Teilflächen.
Bereits im Juli 1944 zeichnete sich jedoch ab, dass die Tunnel bei Dernau nicht so schnell zur Verfügung stehen würden wie benötigt. Auch die Unterbringung der Arbeitskräfte hätte nur schwer gelöst werden können. Nachdem der Versuch des VW-Werkes scheiterte, den bereits voll betriebsfähigen Kuxbergtunnel zu beanspruchen, reduzierte man zunächst die für Rebstock (VW) geplanten V1-Produktionszahlen. Ende September 1944 wurden seitens VW alle Ahrtalpläne aufgegeben.
In Tiercelet waren Hunderte von Eisenbahnwaggons mit wertvollen Maschinen und Ausrüstung liegen geblieben und den Alliierten zur Beute geworden. Die Anfang September 1944 nach Dernau transportierten 300 jüdischen Spezialisten wurden zwei Wochen später ins KZ-Lager Dora bei Nordhausen verlegt.*
Die Bezeichnung Lager Rebstock (LR) ist nicht abgeleitet von KZ- oder Arbeitslager. Der Name wurde bereits mehr als ein Jahr bevor die ersten Zwangsarbeiter nach Marienthal kamen verwendet. Die regulären Beschäftigten waren entweder privat in den Dörfern oder aber in Winzervereinen, Hotels und Pensionen untergebracht. Nicht wenige pendelten auch mit der Reichsbahn zum Haltepunkt Marienthal oder wurden mit Kraftfahrzeugen abgeholt. Der Anteil der KZ-Zwangsarbeiter im Lager Rebstock wird wohl im Bereich unter 20% gelegen haben.

* Hans Mommsen/Manfred Grieger: Das Volkswagenwerk und seine Arbeiter im Dritten Reich, Econ 1996

So sah es im Lager Rebstock aus

Die in der Folge gezeigten neun Fotodokumente belegen, dass das Lager Rebstock bereits im November 1943 für den HAP 11 alle die Fahrzeuge in Arbeit hatte und ausrüstete, mit denen die A4/V2-Batterien im Sommer 1944 noch nicht vollständig ausgestattet waren. Weitere 12 Originalfotos sind in der Dokumentation „Lager Rebstock – Geheimer Rüstungsbetrieb in Eisenbahntunnels der Eifel für V2-Bodenanlagen 1943-1944“ zu finden (erschienen 2002 im Helios-Verlag).

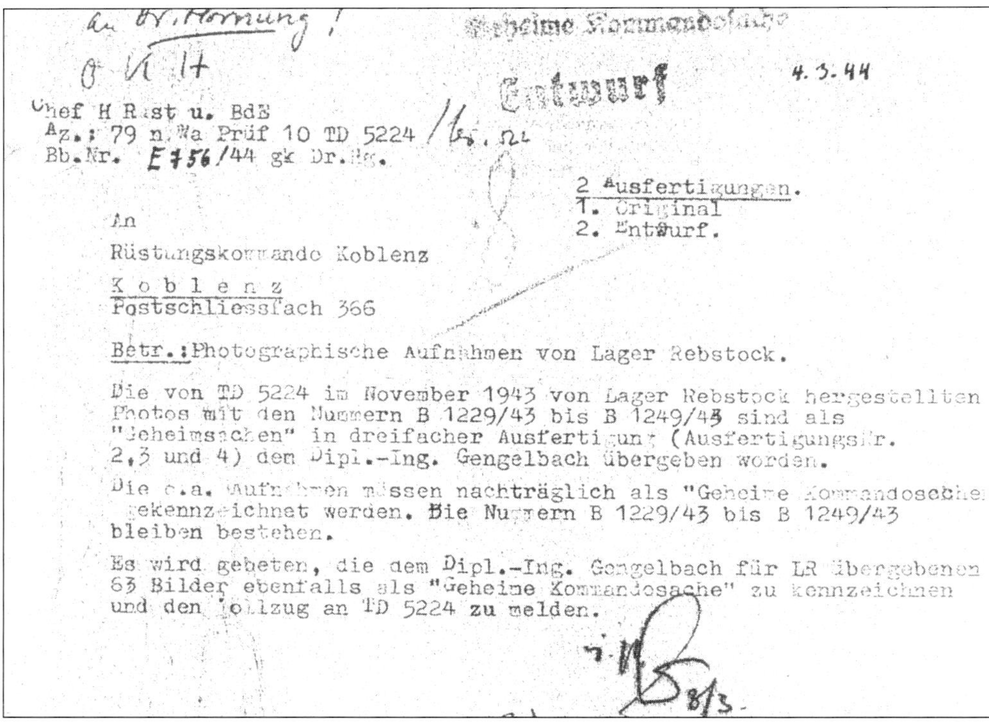

an Dr. Hornung !

Geheime Kommandosache

Entwurf

4.3.44

Chef H Rüst u. BdE
Az.: 79 n Wa Prüf 10 TD 5224 / ...
Bb.Nr. E 756/44 gk Dr.Hg.

2 Ausfertigungen.
1. Original
2. Entwurf.

An
Rüstungskommando Koblenz
Koblenz
Postschliessfach 366

Betr.: Photographische Aufnahmen von Lager Rebstock.

Die von TD 5224 im November 1943 von Lager Rebstock hergestellten Photos mit den Nummern B 1229/43 bis B 1249/43 sind als "Geheimsachen" in dreifacher Ausfertigung (Ausfertigungs-Nr. 2,3 und 4) dem Dipl.-Ing. Gengelbach übergeben worden.

Die o.a. Aufnahmen müssen nachträglich als "Geheime Kommandosache" gekennzeichnet werden. Die Nummern B 1229/43 bis B 1249/43 bleiben bestehen.

Es wird gebeten, die dem Dipl.-Ing. Gengelbach für LR übergebenen 63 Bilder ebenfalls als "Geheime Kommandosache" zu kennzeichnen und den Vollzug an TD 5224 zu melden.

i.A. B 8/3.

Schreiben vom 04.03.44 BAMA RH8/v.1267

Wernher von Braun hat die Arbeit des Lagers Rebstock in Bildern dokumentieren lassen.

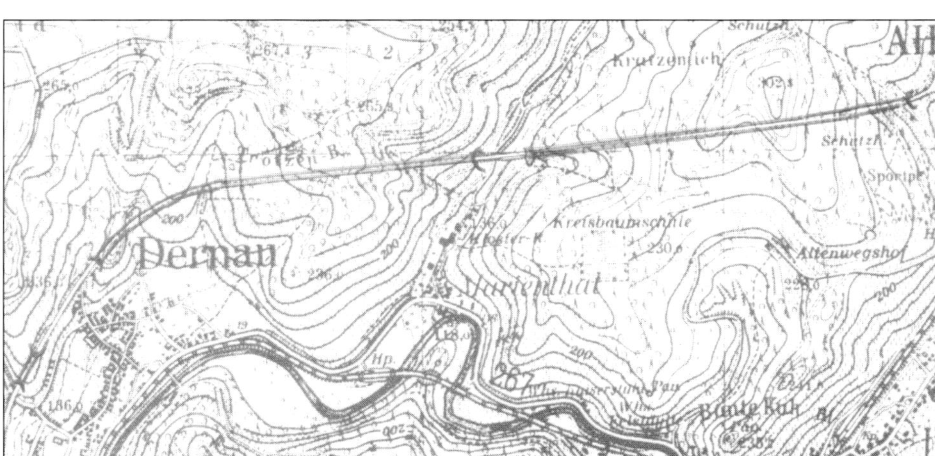

Quelle: Autor

Das Gebäude der Landwirtschafts- bzw. Kreisbaumschule wurde für Lager Rebstock als Verwaltungs- und Unterkunftsgebäude genutzt. Rechts der Kuxberg

Das Wirtschaftsgebäude des Klosters (heute Weinlokal) wurde als Unterkunftsgebäude benutzt. Links die Ruine der Klosterkirche, rechts vom Gebäude die Straße zum Bahndamm zwischen Trotzenberg- und Kuxbergtunnel.

Die Klosterruine, rechts der Kuxberg

Ostportal des Trotzenbergtunnels mit Wachsoldaten

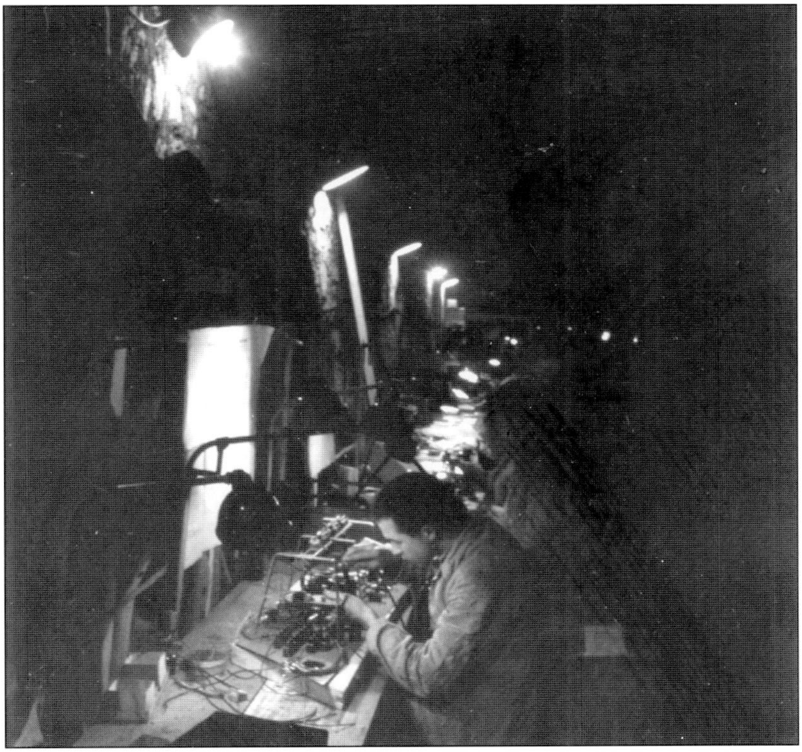

Das Schaltbrett des Feuerleitpanzers wird verkabelt

Große Schaltschränke werden montiert

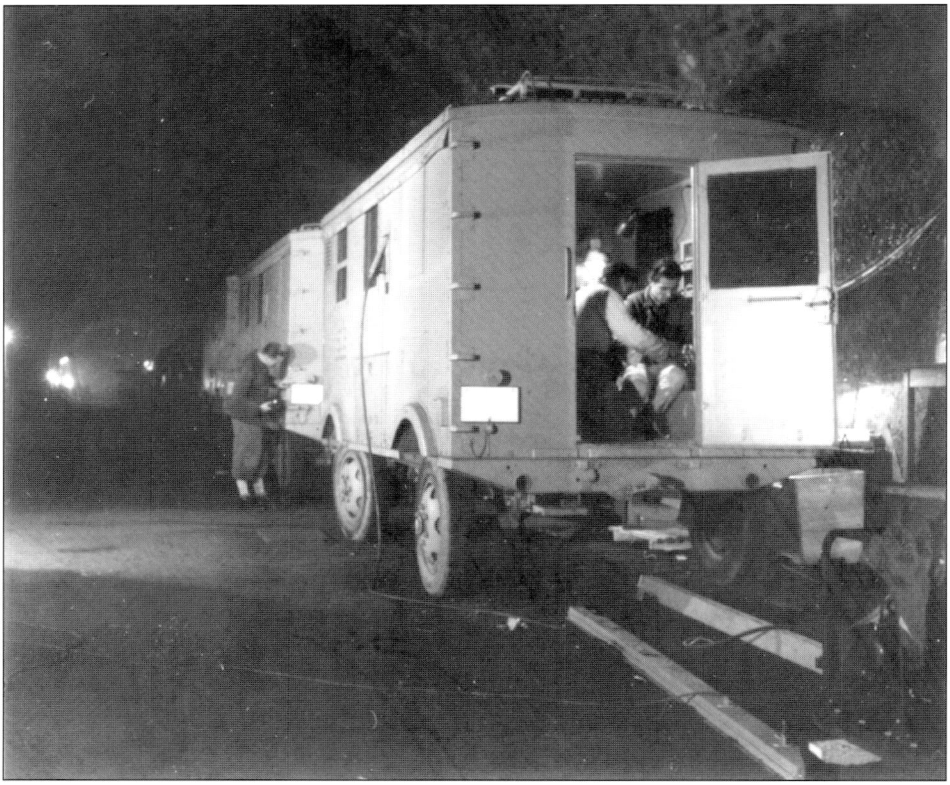

Anhänger Nr. 511 werden eingerichtet

Arbeitsplätze für Elektriker an der Tunnelwand

Der FR-Anhänger (S, 3-achs), auch Meillerwagen genannt, ist in Arbeit (Nr. 102) Vorne rechts auf dem Bettgestell liegen die 67-adrigen Verbindungskabel für den Start der Rakete. Dieser Anhänger mit einem VW-Motor als Energiequelle wurde für den Transport der V2 in die Feuerstellung und das Aufrichten und Stellen der Rakete auf den Abschusstisch verwendet (siehe Fotos S. 20/21).
Fotos: B1229/43-B1249/43 Deutsches Museum München, R0159, R0160 Ordner 326b

Bahnhof in Dernau: Experten aus Peenemünde zu Besuch im Lager Rebstock. 2. von rechts ist Gerhard Ruoff aus Berlin, der als Steuerungstechniker und Soldat zeitweise im Lager Rebstock gearbeitet hat. Foto: Gerhard Ruoff

Luftangriffe auf das Ahrtal bei Marienthal

Ab Ende September/Anfang Oktober 1944 verlegten die Bomberverbände der 9. Air Force (9. US Luftflotte) ihre Einsatzbasen von den britischen Inseln auf Flugplätze im befreiten Frankreich und Belgien. Diese 9. AF hatte rund 1900 Flugzeuge in den Kampfstaffeln. Jäger und Jagdbomber waren in drei taktischen Kommandos vorhanden, die leichten und mittleren Bomber wurden in der 9. Bombardment Division (BD) geführt. Rund 700 Bomber von den Typen A-20 Havoc, A-26 Invader und B-26 Marauder waren in zwölf Bombardment Groups gegliedert und hatten als vorrangigen Kampfauftrag „Interdiction“: Unterbrechung der rückwärtigen Verbindungslinien zu den deutschen Fronttruppen.
Die vier Eisenbahnbrücken zwischen Walporzheim und Marienthal gehörten zu den bevorzugten Zielen und wurden von Oktober 1944 bis zum Februar 1945 dreizehnmal mit insgesamt 1474 Bomben angegriffen. Die Bomber mussten dabei entlang der Eisenbahnlinie fliegen und hatten dann vier Punktziele auf einer Streckenlänge von 1000 Metern.

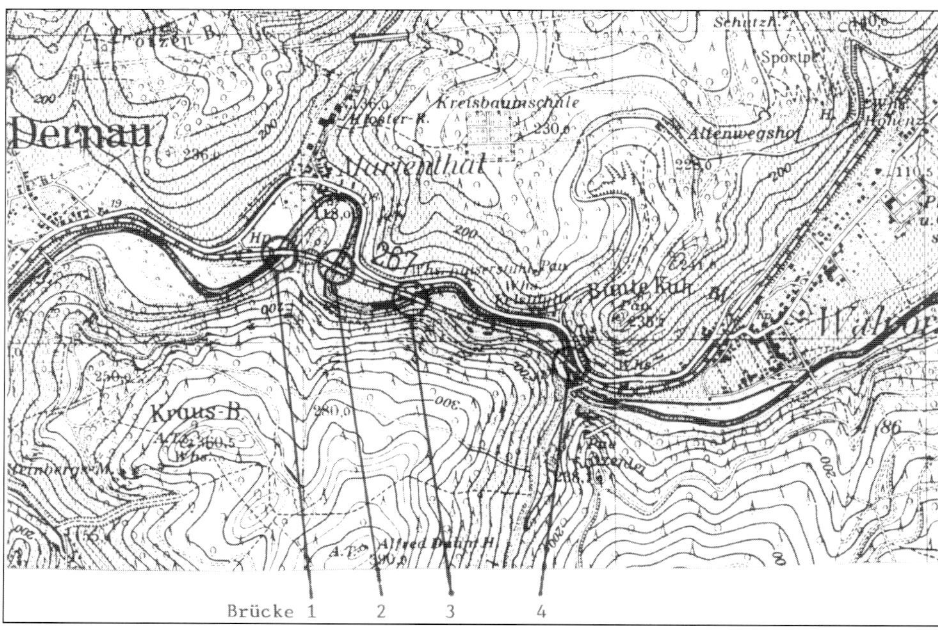

Quelle: Autor

Ausschnitt aus der Karte 1:25.000 zwischen Dernau und Walporzheim mit markierten Eisenbahnbrücken. Auch das Kriegstagebuch der Division z.V. meldet einen Bombenangriff vom 12.10., bringt ihn aber fälschlicherweise mit dem Lager Rebstock in Verbindung. 13.10.1944:
Der Schießbetrieb der Batterien und der Nachschub laufen planmäßig. Wie nachträglich bekannt wird, wurde das Lager Rebstock durch feindliche Bomber in mehreren Wellen angegriffen. Für den Führungsstab aller eingesetzten Teile des S.B. 2 wird ab sofort die Bezeichnung „Division z.V.“ befohlen. Verschuss 12 Geräte.
Quelle: KTB Division z.V. BA-MA

Am 12. Oktober 1944 flog die 397. BG (Bombardment Group) den zweiten dieser Angriffe mit insgesamt 39 B-26-Bombern. Die BG startete westlich von Paris. Der Verband war unterteilt in drei Staffeln (boxes), welche aus je drei Schwärmen zu vier Maraudern bestanden. Jede Staffel wurde von einem zusätzlichen Leitbomber geführt, der mit Rauchmarkierungen das Signal zum geschlossenen Bombenabwurf gab.

Der Anhang des Einsatzberichtes enthält eine Analyse der deutschen Flak-Abwehr: Nur schwaches, ungenaues, schweres Flakfeuer wurde im Zielgebiet angetroffen. Wie gewohnt flog die Formation mit Abstand zu den Stellungen und bekam genaueres Flakfeuer, welches aus großer Entfernung gefeuert wurde. Geringes Flakfeuer bekam man bei Remagen.

Dazu ist zu bemerken, dass in keiner seriösen Quelle vom Einsatz der Fliegerabwehr aus dem Großraum Ahrweiler berichtet wird. Die Flak-Lagekarten im Bundesarchiv/Militärarchiv weisen lediglich Flakstellungen an der Remagener Eisenbahnbrücke nach.

Bei diesem Luftangriff kamen in Walporzheim vier Bürger ums Leben. Im Bereich der Bachemer Brücke und beim Bahnhof Walporzheim wurden 15 Häuser zerstört, 2 Häuser schwer und 50 leicht beschädigt. Die Reichsbahnanlage Marienthal wurde zerbombt. Offenbar hatte auch mindestens eine Eisenbahnbrücke Treffer erhalten. Der im Bahnhof Walporzheim stationierte Bauzug und auch die Reichsbahndirektion Köln hatten zur Instandsetzung nicht mehr genug Doppel-T-Träger aus Stahl und mussten diese per Fernschreiben beim Ministerium in Berlin anfordern.

Die Eisenbahnstrecken, die Bahnanlagen und Eisenbahnbrücken konnten immer wieder von den Eisenbahnern und den Pionieren instandgesetzt werden, damit dann meist nachts Züge fahren konnten. Seitdem die Alliierten ihre Einsatzbasen auf dem europäischen Kontinent hatten, beherrschten deren Jagdbomber den Himmel über Westdeutschland total und viele Züge wurden ihr Opfer.

Der Marauder B-26-Bomber flog mit zwei Doppelsternmotoren von je 1920 PS maximal 454 km/h in 5000 Metern Höhe. Der Bomber beförderte 2,5 (US) Tonnen Bombenlast bei einer Reichweite von 1850 Kilometern. Die 6- bis 7-köpfige Besatzung hatte 11 schwere cal.50 (12,7 mm)-Maschinengewehre zur Abwehr feindlicher Jäger an Bord. Mit einer Spannweite von 23,5 Metern war das Flugzeug 19 Meter lang. Bei den Bombengewichten

Quelle Luftfoto: AIR PHOTO LIBRARY, University of Keele, Staffordshire, England

US-Luftfoto der Walporzheimer Eisenbahnbrücke (Mitte links) wenige Stunden nach dem Luftangriff am 12.10.1944. Bombentrichter auf Straßen und Schienen sowie Bunter Kuh. (I. Staffel, 2. Schwarm)

ist das anglo-amerikanische Maßsystem zu beachten: Die 1000 lb G(eneral) P (urpose) Sprengbombe wog 453 kg.
Um die Heftigkeit und Schwere der Bombenangriffe zu dokumentieren, hier ein Auszug aus einem Aufsatz des Luftkrieghistorikers Dr. Helmut Schnatz aus Koblenz.
Unter dem Titel „Die vergessene Air Force" berichtet er über die Einätze der 9. Amerikanischen Luftflotte im Mittelrhein- und Moselraum im Zweiten Weltkrieg:

Anders sah dies bei ihren Angriffen auf das Hinterland aus. Als die alliierte Führung Anfang Oktober erkannte, daß eine Kriegsentscheidung im Herbst und Winter 1944 nicht mehr erreichbar sein würde, gab sie am 7. Oktober alle Brücken im Rheinland zur Bombardierung frei.[41] Im hier darzustellenden Gebiet konzentrierte sich die 9. BD auf die Eisenbahnbrücken, die man – zu Recht – als das Rückgrat des Verkehrssystems ansah, auf das sich die Versorgung der deutschen Armeen essentiell stützte.

Ort	Ahrweiler	Sinzig	Mayen	Irlich	Bad Münster	Eller	Bullay	Konz	Pfalzel	Simmern
Erster Angriff Letzter Angriff	08.10. 27.02.	28.10. 02.03.	13.10. 28.02.	03.11. 24.02.	08.10. 02.01.	29.10. 02.03.	07.10. 04.03.	29.10. 01.01.	02.11. 24.12.	02.01. 03.03.
9. AF	10	14	10	7	4	14	8	7	2	8
Abwurf/Stück	1474	1571	1747	608	573	837	640	1110	443	1359
8. AF	1	1		6	1	2	4			
1. TAF					4					

Tabelle 3: Angriffe auf ausgewählte Eisenbahnbrücken zwischen Ahr und Nahe

Insgesamt warf die 9. Bombardment Division auf die ausgewählten Eisenbahnbrücken 10362 Stück Sprengbomben, meist schwere Kaliber von 1000 und 2000 lb (453 und 906 Kg) ab. Wie die Tabelle zeigt, waren die Brücken ein Zielsystem, auf das die 9. AF sich spezialisiert hatte. Die 8. AF mit ihren schweren viermotorigen Bombern beteiligte sich bei ihren Angriffen nur zeitweilig als Verstärkung während der Ardennenoffensive oder betrachtete die Brücken als Ausweichziele bei Rückflügen aus dem Reich.

	Okt.	Nov.	Dez.	Jan.	Febr.	März	total
Ahrweiler	2	1	3	4	3		13
Sinzig	1	3	1	4	4	1	14
Mayen	2	2	2		7		13
Bullay	1	1		4		2	8
Eller	1		2	3	5	3	14
Konz	1	2	3	1			7
Pfalzel		1	1				2
Simmern				5		2	7
Bad Münster	1	1	1	1			4
Irlich		3			4		7
total	9	13	13	22	23	8	88

Tabelle 4: Zeitliche Verteilung der Angriffe auf die wichtigsten Brücken der Region 1944/45

Das sind insgesamt 88 Angriffe auf die wichtigsten Eisenbahnbrücken an Mittelrhein, Ahr, Nahe und Mosel. Der zeitliche Schwerpunkt liegt klar im Januar und Februar 1945. Zu berücksichtigen ist, daß die viergleisige Eisenbahnbrücke bei Bad Münster a. St. auch im Februar und März 1945 immer wieder massiv angegriffen wurde, zwar nicht von der 9. BD, sondern von den Marauders der 1. Tactical Air Force (Provisional), die unter der taktischen Kontrolle der 9. AF stand.

Quelle: Jahrbuch für Westdeutsche Landesgeschichte, 2001, Seite 484

Was wussten die Alliierten von Rebstock?

Der britischen Luftaufklärung gelang im Sommer 1943 der Einblick in die Vorgänge bei Peenemünde. Agentenberichte und Kriegsgefangenenaussagen ließen darüber hinaus den Schluss zu, dass das Deutsche Reich intensiv Raketen/Flugkörper mit für damalige Verhältnisse großen Reichweiten entwickelte.
Ab Herbst 1943 beobachtete man im besetzten Frankreich und Belgien rege Bautätigkeiten, die britische Spezialisten als stationäre Abschussanlagen für die in Peenemünde aufgeklärten Flugkörper (flying bombs) interpretierten.
Nach dem Luftangriff auf Peenemünde Mitte August 1943 wurden auch konsequent die Baumaßnahmen entlang der französischen Küste bekämpft. Für die in Nordwestfrankreich aufgeklärten Großbunker entwickelten die Briten spezielle Bomben und konnten in der Folge diese Anlagen so zerstören, dass sie nie in Betrieb gingen.
Parallel dazu wurden die Aufklärungsaktivitäten auch gegen Produktionsanlagen im Deutschen Reich verstärkt. Weil der Bombenkrieg Teile der Übertagefabriken ausschaltete, richteten die Alliierten ihre Aufmerksamkeit nun auch auf Untertageanlagen (underground aktivities).
Vom Lager Rebstock wussten die Engländer ab Sommer 1944 durch Gefangenenaussagen. Aufklärungsflüge und vermutlich Berichte von dort eingesetzten Zwangsarbeitern rundeten das Bild ab, so dass am 24.1.1945 ein 10-seitiger Aufklärungsbericht über Lager Rebstock fertig gestellt werden konnte.
Es wurde angenommen, dass dort Raketen (V2) und Flugkörper (V1) produziert würden. Obwohl diese Vermutung nicht zutraf, stellt der Bericht eine umfassende Beschreibung vom Lager Rebstock dar.
Die alliierten Maßnahmen gegen V1- und V2-Waffen wurden unter der Bezeichnung „CROSSBOW“ durchgeführt. Im Folgenden sind Zeichnungen und die deutsche Übersetzung von Teilen des Berichtes wiedergegeben.

A.C.I.U. PLAN N° U16

DERNAU/MARIENTHAL

Quelle: Public Record Office (PRO), Kew Richmond, Surrey, AIR 20/5857

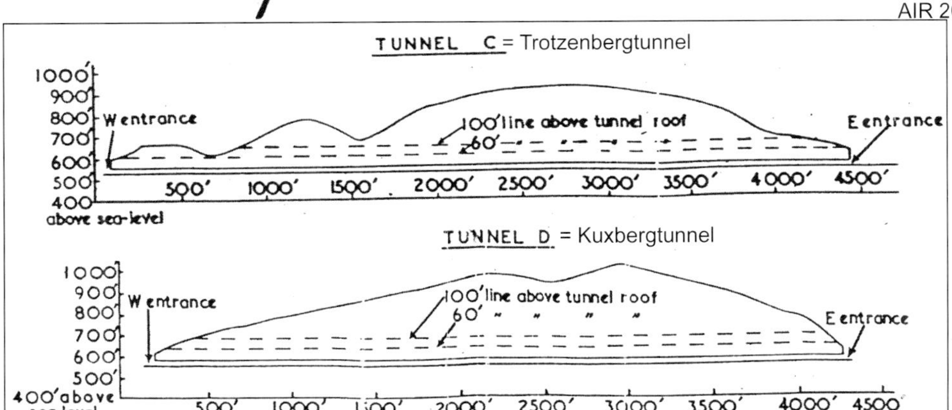

Das Höhenprofil der Tunnelabdeckung durch die Ahrberge, Maße in Fuß (=30,48 cm)

US-Luftfoto vom 12. Oktober 1944 mit dem Bahndamm zwischen Rech und Dernau im linken Drittel. In der Ellipse die drei großen Unterkunftsbaracken für KZ-Häftlinge.

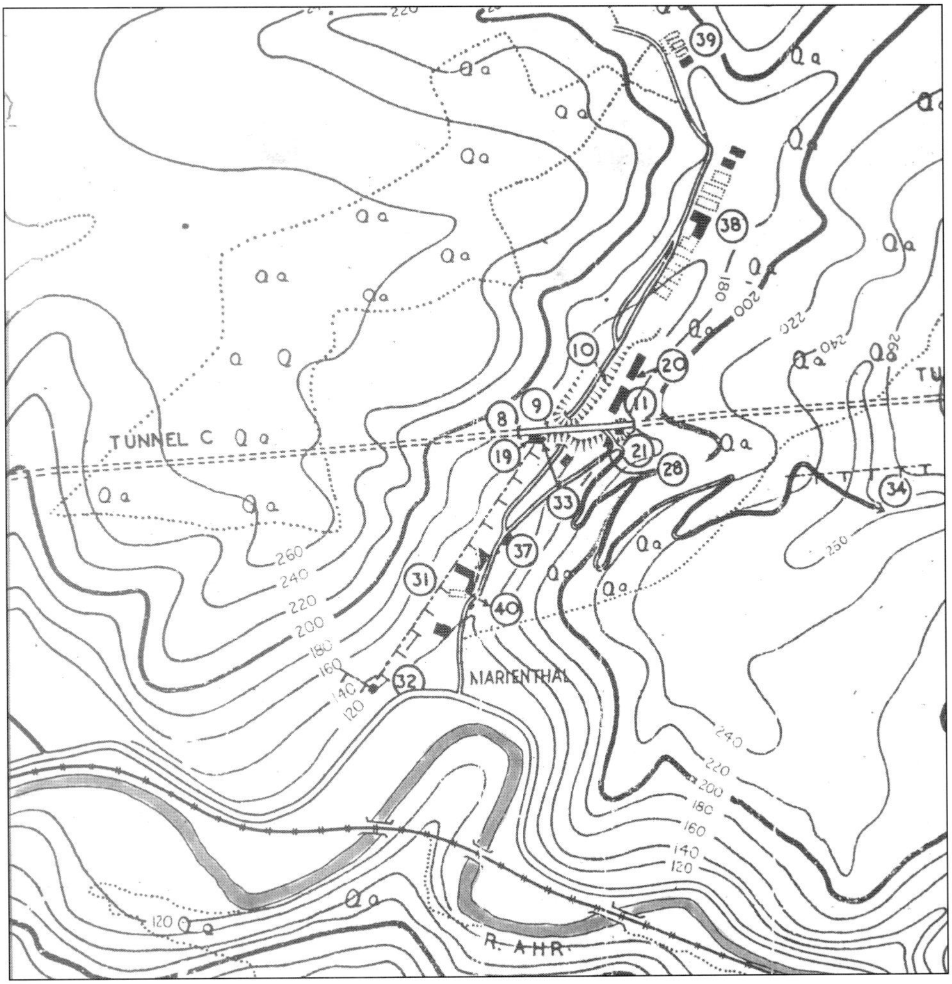

Erläuterungen zur Karte oben

8. Ostportal des Trotzenbergtunnels
9. 192 Meter langer Bahndamm zwischen Trotzen- und Kuxbergtunnel mit 6 Meter breiter Straße.
10. Plateau von ca. 200 Metern Länge und maximal 50 Metern Breite entlang vom Osthang des Tälchens.
11. Westportal des Kuxbergtunnels
19. Gebäude von 16,5×10,5 Metern südlich der Verbindungsstraße
20. Zwei große Baracken (4 ×13,5 Meter) (siehe Foto Seite 36)
21. Kleines Gebäude auf der Südseite des Bahndamms
28. Stichstraße zum Bahndamm von Marienthal herauf
31. Überirdische elektrische Leitung
32. Dorftransformator von Marienthal
33. Kabelanschluss für die Elektrik des Trotzenbergtunnels
34. Im Bau befindliche elektrische Leitung
37. Lagereinrichtung
38. Barackenlager: 3 × 32×14 Meter, 2× 35×14 Meter, 1 × 30×14 Meter, 1 × 26×14 Meter und 1 × 24,5×14 Meter. In der Mitte steht ein U-förmiges Gebäude, dessen Längsteil 49×14 Meter und dessen Seitenteile 30,5×14 Meter groß sind.
39. Eine vollendete Baracke 24×12 Meter und drei gleichgroße im Bau.
40. Ehemalige Klosteranlage

US-Aufklärungsfoto vom 12. Oktober 1944 mit den Baracken nordostwärts des Bahndammes zwischen Trotzen- und Kuxberg-Tunnel.

Zwangsarbeiter und KZ-Häftlinge

Im Jahre 1944 hatte der Krieg an den Fronten schon Millionen Opfer gefordert. Die Rüstungsproduktion lief auf vollen Touren. Die letzten menschlichen Reserven wurden mobilisiert, dennoch mangelte es überall im Reich an Arbeitskräften. Der SS-Staat selektierte für den Arbeitseinsatz mittlerweile auch Menschen, die eigentlich „ausgemerzt“ worden wären.

Im „Mittelbau Dora“, der großen Untertagefabrik im Südharz, waren mehr als 10.000 KZ-Häftlinge versklavt. Bei der Produktion wurden mehr Menschen durch Arbeit getötet als durch die Waffenwirkung der dort montierten V1 und V2.

Auch für Rebstock forderten die beteiligten Firmen Gollnow & Sohn und Volkswagenwerk bei der SS Zwangsarbeiter an. Am 4. und 8. August wurden 168 bzw. 299 holländische Juden aus Amersfoort antransportiert. Unterbringungsort war zuerst das Lager in Brück an der Ahr, wo auch 400 italienische Militärinternierte eingesetzt waren. Diese

Quelle: Autor

Quelle: Autor

Gedenktafel in der Weinbergmauer oberhalb der Zaungartenstraße in Dernau

Internierten waren nahezu rechtlos, da ihnen nach der Kapitulation Italiens im September 1943 von Hitler der völkerrechtliche Status von Kriegsgefangenen verweigert wurde. Die Juden wurden bald in drei große Baracken auf dem Bahndamm zwischen Herrenberg- und Sonderbergtunnel verlegt (s. Foto S. 34). Nach Zeugenaussagen waren die Zustände dort lebensbedrohend und es soll ungezählte Opfer gegeben haben.

Am 2.9.1944 trafen von Tiercelet 300 jüdische Spezialisten aus Ungarn ein, die für das Volkswagenwerk (Stephan) arbeiten sollten. Am 21.9. verließ dieses Kontingent die drei Baracken und traf am 27.9. im KZ Dora/Mittelwerke ein. Während dieser drei Wochen waren die Häftlinge ohne Arbeit, weil die Maschinen in Lothringen zurückgeblieben waren. Für die Fa. Gollnow & Sohn (Rebstock) trafen am 21.8.1944 30 Häftlinge aus Buchenwald ein und arbeiteten als Baukommando oberhalb von Marienthal nördlich der Tunneleingänge. Sie rissen alte beschädigte Baracken ab und errichteten neue aus solidem Material (siehe Foto Seite 36). Es wurden hohe Zäune gezogen und Wachtürme aufgestellt. Als am 8.9.1944 erneut 176 Häftlinge aus Buchenwald eintrafen, waren die letzten beiden Baracken Richtung Esch von Häftlingen belegt. Für die nun insgesamt 206 Häftlinge, die in zwei Schichten von je 12 Stunden arbeiteten, wurden praktisch nur 103 Schlafplätze dort gebraucht. Am 14.9. traf der letzte Transport von 200 Häftlingen aus Buchenwald ein. Franzosen, Polen, Russen und Tschechen waren die am stärksten vertretenen Volksgruppen.

Bei einem Luftangriff Mitte November auf die Eisenbahnbrücken bekam auch das Lager einiges ab und die Häftlinge wurden mit den Schlafplätzen in den Mittelteil des Trotzenbergtunnels verlegt. Auch die Zivilbevölkerung von Marienthal und Dernau nutzte mehr und mehr diesen Tunnel als Luftschutzbunker.

Ab November verlegte Gollnow & Sohn seine Produktion schrittweise nach Artern in Thüringen. So sanken auch die Häftlingszahlen von damals 406 auf 185 Ende November und 99 am 13.12.1944. Noch bevor der erste Häftling im Lager Rebstock zur Zwangsarbeit gezwungen wurde, waren dort Hunderte deutscher Männer und Frauen von der Wehrmacht abkommandiert oder auch von ihrem bisherigen Arbeitgeber nach Lager Rebstock versetzt,

wie z.B. ab Mitte August 1944 40 Mitarbeiter der Elektro-Mechanischen Werke Peenemünde (EMW). Das örtliche Arbeitsamt zwangsverpflichtete jede verfügbare Arbeitskraft vom jungen Mädchen bis zum nicht mehr frontverwendungsfähigen Kriegsinvaliden. Diese zivilen Arbeitnehmer waren beschäftigt bei der Fa. Gollnow & Sohn, die aus Tarnungsgründen ihren Firmensitz in Koblenz hatte (Postanschrift: G&S, Werk Koblenz, Postfach 367).
Sowohl die italienischen Militärinternierten als auch die spezialisierten KZ-Häftlinge übernahmen qualifizierte Arbeiten. Die hier gezeigten Fotos (Seite 25-29) allerdings sind im November 1943 im Lager Rebstock gefertigt worden als dort noch keine Häftlinge eingesetzt wurden.
Mit der Verlegung nach Artern wechselte auch der Tarnname. Aus Lager Rebstock wurde „Rebstock neu" und Gollnow & Sohn hießen nun „Geyer & Sohn" in A-Dorf. Die meisten Zivilarbeiter aus dem Ahrkreis mussten mit nach Thüringen umziehen und kamen zum Kriegsende am 8. Mai 1945 nach strapazenreicher Rückwanderung in ihre Heimat zurück. Eine Welt war zusammengebrochen!
Nach Aktenlage summieren sich die Häftlingszahlen, zwischen dem 4.8. und 14.9.1944 antransportiert, auf 873 Personen. Dabei sind die 300 aus Tiercelet nicht mitgezählt.
Wie viele Menschen das Ahrtal lebend verlassen haben, ist nicht mehr rekonstruierbar.
Wegen des Schicksals der in Dernau eingesetzten KZ-Häftlinge und Zwangsarbeiter hat sich in den Achtziger Jahren ein Verein gegründet. Die Bundeszentrale für politische Bildung in Bonn hat in einer Dokumentation die Gedenkstätten für die Opfer des Nationalsozialismusses dargestellt und schreibt darin über Dernau:
Auf Initiative des 1986 gegründeten 'Vereins zur Einhaltung des Gedenkens an das KZ-Außenlager Dernau' erinnert seit 1988 eine Steintafel in den Weinbergen oberhalb der Zaungartenstraße an das ehemalige Außenlager des Konzentrationslagers Buchenwald.
Die eingemeißelten Worte lauten:

Zum Gedenken an das Außenlager des KZ Buchenwald 21.08.1944-13.12.1944 und allen Opfern des Nationalsozialismus und den Lebenden zur Mahnung.

In dem Arbeitslager waren im August 1944 180 Menschen – vor allem aus Belgien, Frankreich, den Niederlanden und Rußland – untergebracht. Bis November 1944 stieg die Zahl der Inhaftierten auf 197 an. In den unterirdischen Produktionsstätten der Tunnelanlagen zwischen Dernau und Ahrweiler, in die kriegswichtige Betriebe ausgelagert waren, mußten die in Baracken untergebrachten KZ-Häftlinge für die Firma Gollnow in Koblenz Zwangsarbeit leisten. Unter dem Namen 'Rebstock' als geheime Operation getarnt, wurden die Lagerinsassen gegen Ende des Krieges in den Stollen der Weinberge um Marienthal und Dernau zur Waffenproduktion herangezogen. In der Anlage wurden Flüssigkeitsraketen entwickelt und hergestellt.

Blick von der Gedenktafel in Richtung Norden über den ehemaligen Bahndamm zum Südportal des Sonderbergtunnels, rechts Dernau.

Die Zeit nach „Gollnow & Sohn“

Nachdem die Firma Gollnow & Sohn bis Mitte Dezember 1944 Arbeitskräfte und Produktionsanlagen nach Artern verlagert hatte, interessierte sich die Division zur Vergeltung für die Eisenbahntunnel im Ahrtal.

Das Kriegstagebuch vermerkte unter dem 16.12.1944:

„Die 2. Batterie Artillerieabteilung 836 (mot) meldet Erprobung von FRE (Fernraketenverschuß von Eisenbahnzug). Befehlshaber z.b.V. Heer hat jetzt 3 einsatzbereite FRE-Züge. Bei der augenblicklichen Luft- und Bahnlage ... wird das FRE-Schießen noch zurückgestellt werden müssen. Es sollen aber vorsorglich geeignete Stellungen durch einen Offizier der 2./Art Abt. (mot) 836 erkundet werden mit besonderem Hinblick auf die Eignung des geräumten Lagers Rebstock.

02.01.1945: der Offizier 2./Art Abt. (mot) 836 ist von der Erkundung für FRE-Schießen zurückgekehrt und arbeitet bei der ... Erkundungsergebnis aus. Geprüft wurden Tunnel in der Eifel, im Westerwald und im Siegerland. Außerdem das Lager Rebstock. Die Tunnel liegen fast alle in Kurven, die teilweise auch stark gekrümmt sind. Da die FRE-Wagen für gerade Strecken konstruiert sind, wird diese Tatsache besondere Schwierigkeiten ergeben und eine Umkonstruktion evtl. notwendig machen.

Das Lager Rebstock ist zum großen Teil von Tausenden von Zivilisten bewohnt; außerdem müßten dort mehrere Kilometer Gleis neu gelegt werden. Auf Grund dieser Tatsache und der schwierigen Bahn- und Luftlage wird der FRE-Einsatz vorläufig zurückgestellt.“

Damit ist dem mittleren Ahrtal wahrscheinlich Schlimmeres erspart geblieben. Denn dort, wo die alliierten Aufklärer auch nur geringste Anzeichen von V-Waffen-Einsatz feststellten, schlugen sie mit Jabos und Bombern zu.

Als weitere Folge des o. g. Erkundungsberichtes wurde die 2. Batterie der Artillerie-Abteilung 836, die FRE schießen sollte, am 11. Januar 1945 der „Gruppe Süd“ im Westerwald wieder zugeführt. Diese Einheit bezog einen neu erkundeten Feuerstellungsraum zwischen Weilburg und Runkel an der Lahn. Aus diesem Raum verlegt die inzwischen in II. Abteilung Artillerie Regiment zur

V2-Rakete auf Eisenbahnwagen wird zum Abschuss vorbereitet

Quelle: BA.Koblenz

Start einer V2 vom Eisenbahnwaggon in Peenemünde.
Quelle NARA

Vergeltung 901 umbenannte bzw. umgegliederte 2. Batterie in die Wälder bei Kirburg nördlich von Bad Marienberg/Westerwald. Von dort wurden zwischen dem 28.2. und 16.3.1945 noch 19 Raketen nach Antwerpen verschossen, bevor am 23.3.1945 die II./901 als letzter V2-Verband den Westerwald Richtung Norddeutschland verließ.

Bereits am 24. März 1945 brachen die US-Panzer- und Infanteriedivisionen aus dem Remagen-Brückenkopf aus und besetzen in wenigen Tagen den gesamten Westerwald.

Schon kurze Zeit, nachdem die Rüstungsfirmen bzw. die Wehrmacht das Lager Rebstock geräumt hatten, übernahm die Zivilbevölkerung aus dem Ahrtal die Eisenbahntunnel der strategischen Strecke.

Die alliierten Luftwaffen hatten nach Beginn der „Ardennen-Offensive" der Wehrmacht den Luftkrieg insbesondere auf die Nachschublinien im Fronthinterland verstärkt. Darunter hatten auch die Bewohner des Ahrtals zu leiden. Wie man sich zu helfen versuchte, sei in einem Beitrag auf den nächsten Seiten geschildert, der in der Rhein-Zeitungsdokumentation „Heimat in Scherben" von Willi K. Michels, 1985 erschienen ist.

Befehlsstruktur

für den V2-Einsatz aus den Niederlanden und aus Deutschland

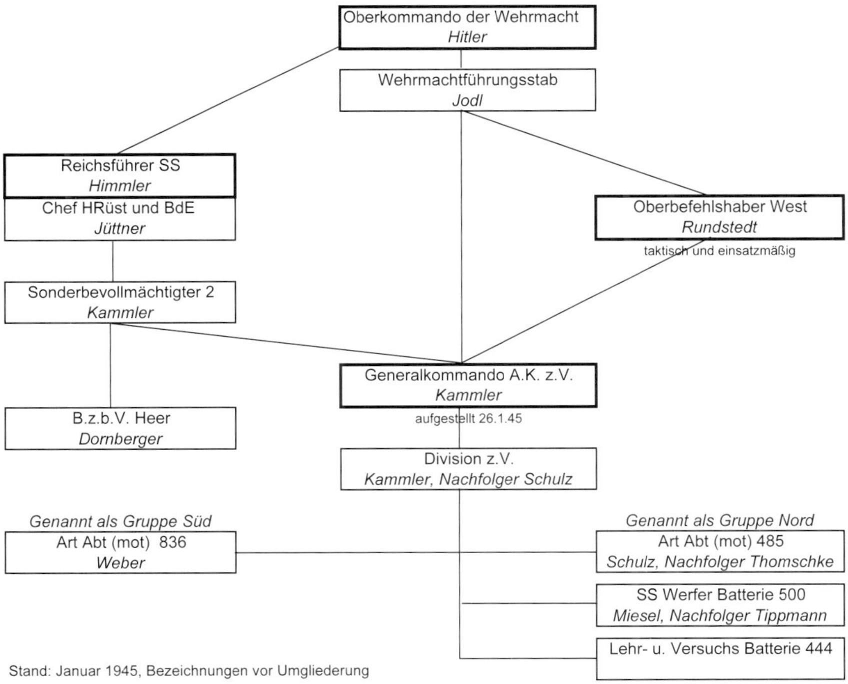

Quelle: V2 – gefrorene Blitze, Helios-Verlag 2007

Leben im Ahr-Tunnel

Am 6., 7., 8. März 1945 stoßen die amerikanischen Truppen in den Kreis Ahrweiler von der Grafschaft und vom Nürburgring her. Die Brücke von Remagen kommt in ihre Hand. Auch in Ahrweiler warteten in den letzten Kriegswochen die Menschen auf Ruhe und Frieden. Einer von ihnen war Heinrich Böll, der erst kürzlich im Rundfunk noch einmal jene Stunden und Tage an der Ahr wachwerden ließ. Seit den Weihnachtstagen 1944 entdeckten die Leute aus Ahrweiler und Umgebung die Tunnel im Berghang als Rettung und Zuflucht. Die Rhein-Zeitung schrieb später über jenes Leben: Wie vom Urinstinkt vergangener Jahrtausende geleitet, suchten sie irgendwo sicheren Schutz. Schutz für die Kranken und Kinder, und nur ein Gedanke verfolgte sie: einmal ungestört schlafen können, noch einmal.

Dieser Gedanke bewog sie, mit der noch geretteten Habe in den Bergtunnel zu flüchten. Über Nacht erbauten sie in diesem Tunnel eine neue Stadt, in jenem ein neues Dorf. So entstand ein neues Dernau, Marienthal und ein neues Ahrweiler.

Eine Stadt im Berg: auf 2880 m², mit einer Wohnfläche von 1980 m² entstanden 234 kleine Häuschen. Hier hausten 516 Familien mit 2576 Personen. Rechnet man die Bodenfläche der Seitenwände der Häuschen und die schmale Straße in der Mitte ab, standen jeder Person 0,4 m² Wohnfläche zur Verfügung. Was das bedeutet, kann nur der ermessen, der es miterlebt hat. Im „Haus" Nr. 73 wohnten zum Beispiel 39 Personen. Es waren die Familien T. Pilati, Bruno Sonntag, Peter Fuchs, Hans Sonntag, Ph. Herbrand und Adam Knieps.

Anfangs brannte noch alle hundert Meter eine Lampe, welche vom Kuxbergtunnel, wo ein Rüstungsbetrieb untergebracht war, mit Strom versorgt wurde. Aber wie bald ging das zu Ende. Für die Bewohner der Stadt wurde es ewige Nacht. Nur in den kleinen Häuschen brannte sparsam eine Kerze oder eine selbstgebastelte Rohöllampe, die mit ihrem Rauch den kleinen Raum in Nebelschwaden hüllte. Und hier lebten monatelang Menschen. Hier wurden Kinder geboren, Kranke stöhnten in ihren Schmerzen, und vielen erlosch das Lebenslicht für immer.

Wo waren in diesen Monaten die großen Schreier und großen Organisatoren? Wo waren die Heilrufer von vorhin? Niemand kümmerte sich in der großen Not um die hilflosen

Eingang zu „Stadt im Berg": Ostportal des Silberbergtunnels. Wenige Meter hinter der Holzpalisade ist die Tunnelröhre durch Sprengung versperrt.

Bewohner der Stadt im Berg. In den ersten Tagen sah man sie noch stolz an den KZ-Häftlingen vor dem Kuxbergtunnel vorbeigehen, bis ihnen der Boden zu heiß wurde.
Die Einwohnerzahl im Silberbergtunnel wuchs von Tag zu Tag. Sollte nicht eine Katastrophe eintreten, mußte etwas geschehen. Im Dernauer Tunnel war Typhus ausgebrochen, es mußte etwas unternommen werden, daß diese Seuche nicht auf den Silberbergtunnel übergriff. Beherzte Männer stellten sich zur Verfügung. Unermüdlich griffen sie mit in die Organisation ein, um den Bergbewohnern wenigstens ein einigermaßen erträgliches Leben zu schaffen. Es wurden Hausnummern und Einwohnernamen an den Buden angebracht, um es dem Geistlichen, dem Arzt, dem roten Kreuz, der Post und den Tunnelbewohnern zu ermöglichen, überhaupt jemanden im Notfall zu finden. Die Tunnelstraße und der Wasserabflußkanal wurden sauber gehalten. Kochherde durften nur noch vor dem Eingang aufgestellt werden, damit die Luft sauber blieb. Ein dringendes Bedürfnis war der Bau einer Kapelle, damit wenigstens im kleinen Rahmen Gottesdienst und geistlicher Beistand gegeben werden konnte. Die fehlenden Abdecksteine im Wasserkanal wurden ergänzt, damit in der Dunkelheit kein Unfall geschehen konnte. Denken wir nur ans WC: Jeder Tunnelbewohner wird darüber heute noch das Gruseln bekommen. Es ging vorbei, und vieles ist schon vergessen.
Es wäre nicht richtig, wollte man nur der ernsten Stunden gedenken. Bei allem Elend geschah auch manches, worüber herzlich gelacht wurde. Ich höre heute noch die drastischen Aussprüche, wenn im dunklen Gang zwei mit ihren Köpfen zusammenstießen. Kam einer mit einem Topf gekochter Kartoffeln von draußen in den dunklen Tunnel, schrie der, um nicht angestoßen zu werden, „Heiße Würstchen", und von Haus zu Haus gab man ihm eine passende Antwort. Das war das Leben im Tunnel. Die Bürger vieler Städte haben in Bunkern gelebt, aber kaum entstand eine Stadt im Tunnel wie hier.
Die Schriftstellerin Mathilde Husten hat dieses Dasein farbiger noch dargestellt, als es mit diesen Zeilen aquarelliert werden konnte. Es müßte ja auch davon die Rede sein, wie Dr. Habighorst die ärztliche Praxis in seiner Bude Nr. 71 aufrecht hielt.
Es kam das Ende. Für viele war es ein bitteres Ende. Wo waren die Angehörigen, wo überlebten die Väter und Söhne in Uniform den Krieg? Viele der Tunnelbewohner mußten noch länger hier hausen, weil ihr Heim zerstört war. Aber wo ein Wille, da ist auch ein Weg. Mit Eifer wurde aufgebaut, uns soll die Stadt im Berg ein Beispiel gegenseitiger Hilfe und Nächstenliebe bleiben... (Quelle: Willi K. Michels, Heimat in Scherben, 1985)

Ehemaliger Bahndamm zwischen Kux- und Silberbergtunnel. In der Bildmitte mit Erde verdecktes Westportal des Silbergtunnel.

Die Eisenbahntunnel nach dem Zweiten Weltkrieg

Direkt in der Nachkriegszeit weckten die verlassenen Tunnel die Neugier der Kinder und Jugendlichen aus der Region. Etwa 1953 ließ die Französische Besatzungsmacht die Tunnelröhren in Abständen von rund 200 Metern durch Sprengungen unbrauchbar machen. Dabei versagten im Kuxbergtunnel einige Sprengungen.
Im Jahre 1953 richtete das 1950 gegründete Technische Hilfswerk (THW), die Zivil- und Katastrophenschutzorganisation des Bundes, in Marienthal ihre Bundesschule für die Ausbildung von THW-Helfern ein. Im Umfeld und in den Tunneln wurden Spreng- und Bergungsübungen durchgeführt. Ab 1959 begannen die Vorbereitungen für den Bau des Regierungsbunkers. Fachleute der Bundesbaudirektion machten mit Unterstützung der THW-Bundesschule eine Bestandsaufnahme der Tunnelanlagen. Einsturzgefährdete Sprengstellen sind damals durch das THW gesichert worden. Dann erfolgte die Sanierung der beschädigten Gewölbestellen.

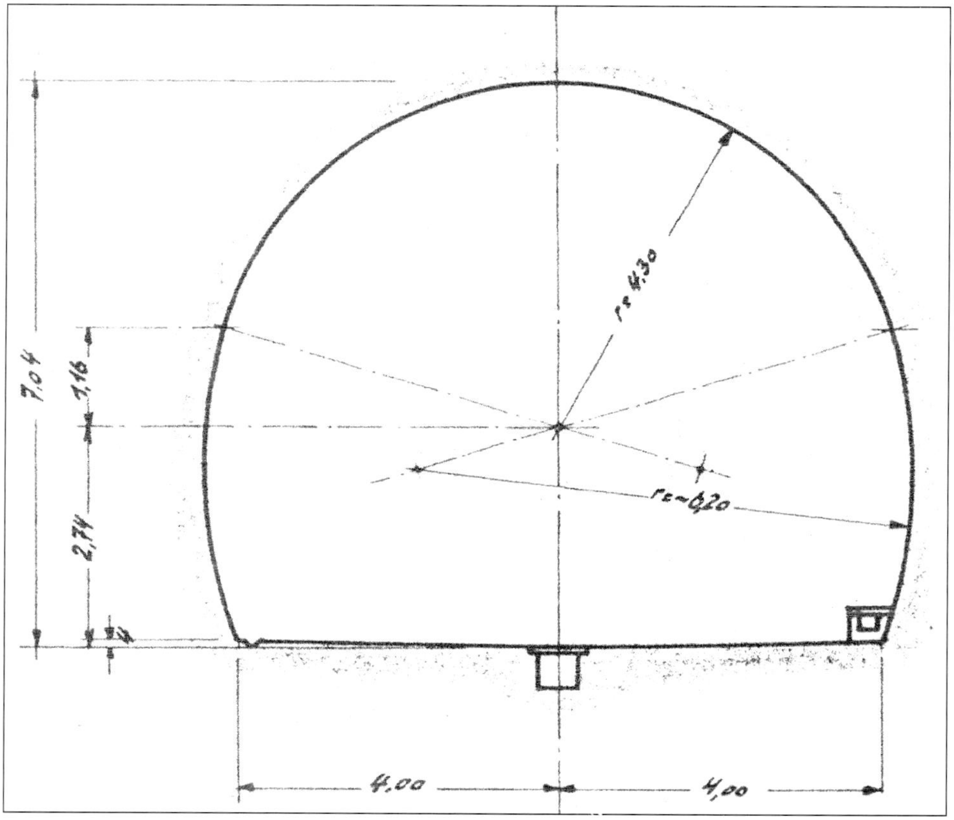

Profil der Tunnel unter dem Trotzen- und Kuxberg im Ahrtal, Maßangaben in Meter

Vermessung einer Sprengstelle durch Oberbauleiter Herbert Hennig im November 1959

Quelle: Fotoarchiv Werner Mertens

Eine größere Schadensstelle nach der Sprengung durch die Französische Besatzungsmacht

Quelle: Fotoarchiv Werner Mertens

Wolfgang Gückelhorn

Nutzung der Eisenbahntunnel als „Regierungsbunker“

Die Dienststelle Marienthal, im Amtsdeutsch „Ausweichsitz der Verfassungsorgane des Bundes“ (AdVB) genannt, entstand im Kalten Krieg zwischen 1960 und 1972.

Die Anlage umfasste fünf Bauteile, die in dem ehemaligen Kux- bzw. Trotzenbergtunnel untergebracht waren. Die Bauherren hofften, dass das 85 bis 112 Meter mächtige Schiefergestein über der Bunkeranlage auch nuklearen Schlägen widerstanden hätte. Glücklicherweise kam es nie zu einer Probe. Geübt wurde alljährlich im Rahmen der Natoübungen „WINTEX“, „FALLEX“ und „CIMEX“. Dann spielten bis zu 1000 Personen den Ernstfall

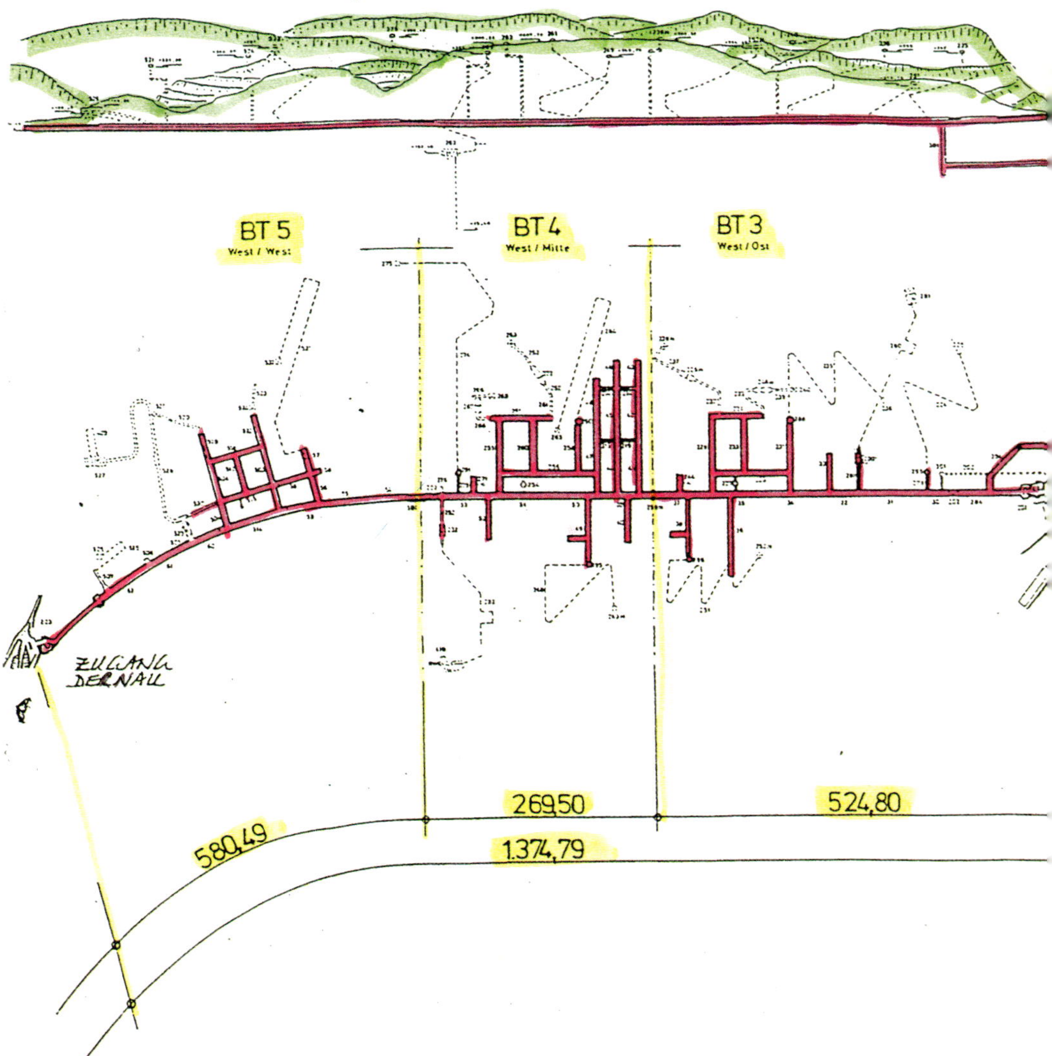

Plan des Ausweichsitzes der Verfassungsorgane des Bundes Stand 19.1.98
Quelle: Bundesamt für Zivilschutz Abt. III - Dienststelle Marienthal

und die Regierungsfähigkeit der Bundesregierung in einem Spannungs- bzw. Kriegsfall. Der AdVB ermöglichte bis zu 3000 Personen ein dreißigtägiges Weiterleben und -agieren. Tank- und Verpflegungslager sowie eine raumlufttechnische Anlage mit thermodynamischer Aufbereitung machte die Anlage für einen Monat von der Außenwelt autark. Über eine Million Liter Dieselölvorrat für 15 Stromgeneratoren sicherten die Stromversorgung im Einsatzfall. Die Wasserversorgung lief über eigene Brunnen und Zisternen – ohne Anschluss an die öffentliche Wasserversorgung.

Die Dienststelle Marienthal hielt mit ca. 180 Facharbeitern die Anlage fortwährend betriebsbereit. Der finanzielle Aufwand bewegte sich jährlich im zweistelligen Millionenbereich. 1989 fiel die innerdeutsche Grenze und in den folgenden Jahren zerfiel der gesamte Ostblock als „Warschauer Pakt", das bisherige Feindbild der NATO-Länder.

Im Zuge der Demokratisierung unserer östlichen Nachbarländer war die Bundesrepublik Deutschland ab Mitte der neunziger Jahre kein Frontstaat mehr.

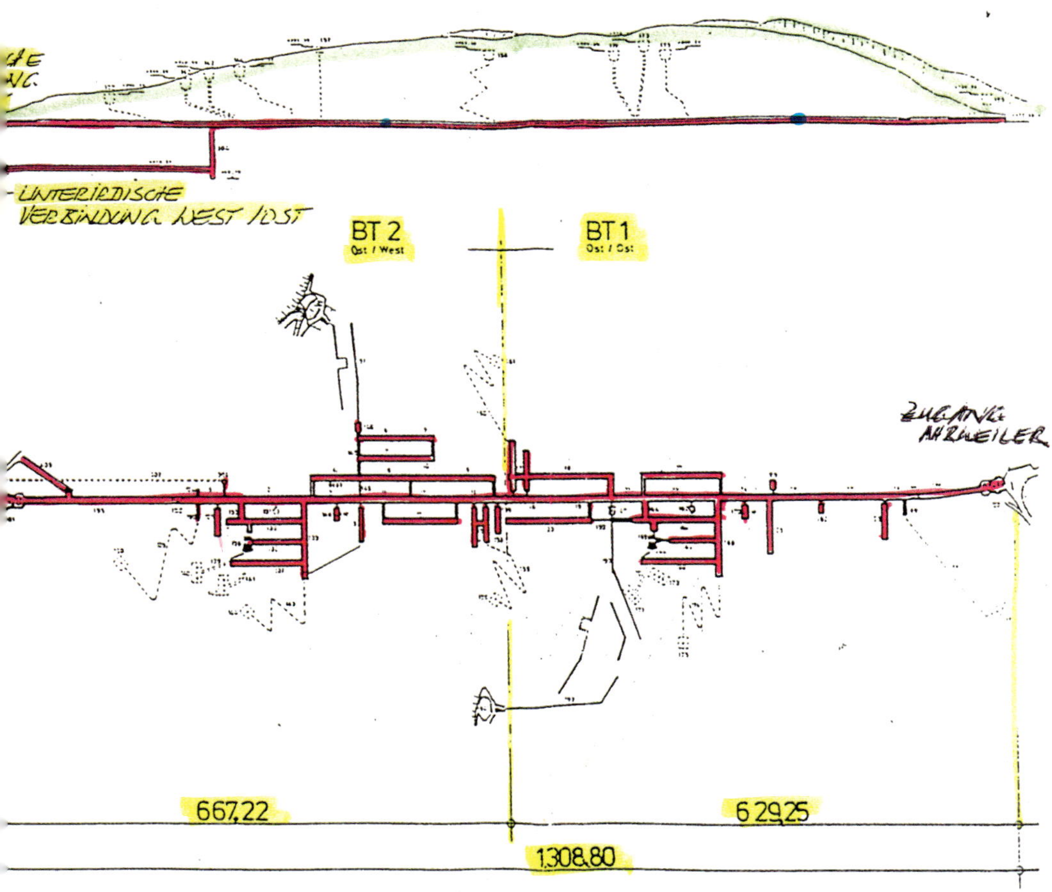

	Bauteil 1 + 2 (Kuxberg)	3, 4 + 5 (Trotzenberg)
Stollenlänge	8.100 m	10.100 m
Flächen	27.600 m²	31.200 m²
Büroräume	502	435
Volumen	157.500 m³	210.000 m³
Eingänge	2	2
Noteingang	2	3

Als für die Sanierung (Brandschutzmaßnahmen) und Modernisierung der Anlage ein Investitionsbedarf von 93 Millionen DM ermittelt wurde, beschloss die Regierung Kohl, die Anlage aufzugeben. Im Sommer 1998 bot die Oberfinanzdirektion Koblenz im Auftrag der Bundesvermögensverwaltung den AdVB zum Verkauf an. Es gab eine Reihe von Interessenten und auch regionale Politiker mit z.T. abenteuerlichen Ideen für eine Anschlussverwendung. Am 8. Februar 1999 fiel dann die Entscheidung zum kompletten Rückbau der Anlage, weil keiner der Interessenten den Anforderungen der Oberfinanzdirektion und der Bundesvermögensverwaltung gerecht werden konnte.

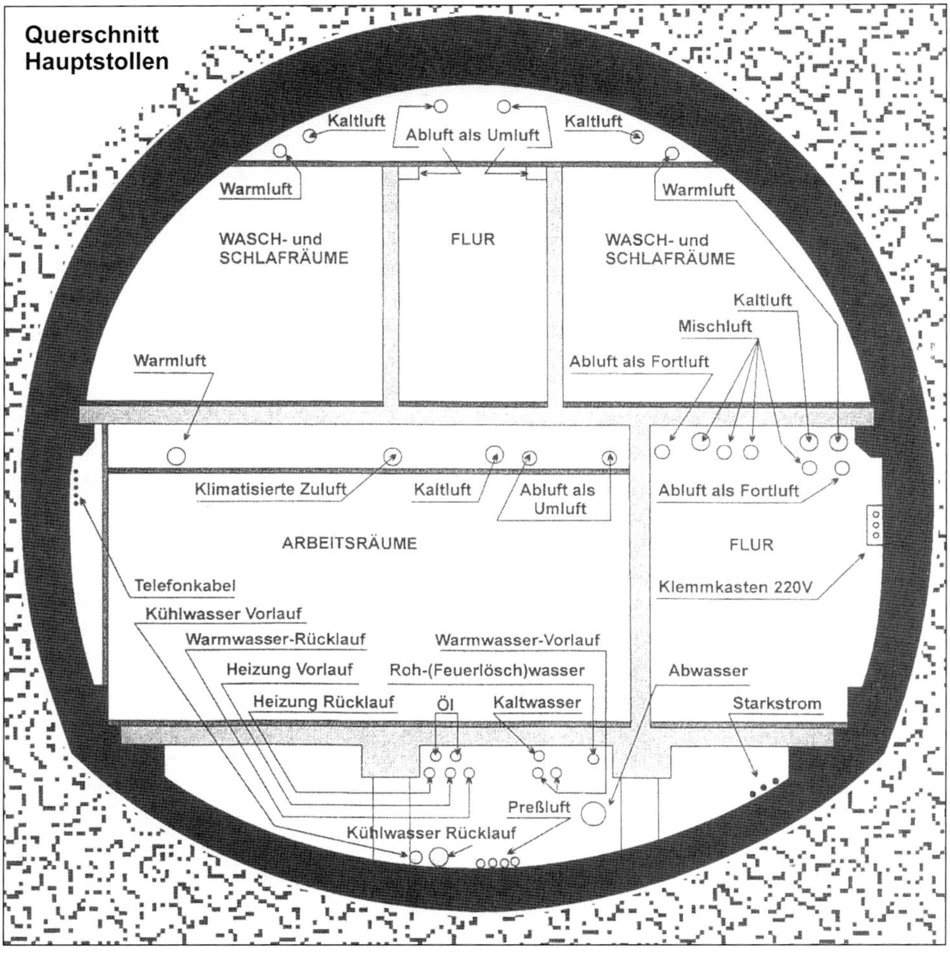

Die gesamte Anlage, West und Ost, hatte ein Nettovolumen von 370.000 m^3 mit einer Nutzfläche von 83.000 m^2. Für rund 900 Büroräume wurden 12.600 m^2 und für ebenso viele Schlafräume 13.600 m^2 gebraucht. Die Restfläche war für Verkehr und Technik Neben den vier Haupteingängen bestanden 34 weitere Öffnungen zur Außenwelt für Zu- und Abluft sowie für Notausgänge.
Grundlage der Anlage waren die ehemaligen Eisenbahntunnel unter dem Kuxberg (1308 m) und unter dem Trotzenberg (1374 m). Haupt-, Parallel- und Verbindungsstollen summierten sich auf 19 km. Sie gaben einen Druckschutz gegen 100 bar Luftdruckwelle. Durch Auslöseelemente, die auf Blitz, Druck und Hitze reagierten, konnte die gesamte Anlage in Bruchteilen einer Sekunde verschlossen werden.

Die fünf Bauteile waren für sich autark und verfügten je über eine technische Luftversorgung von ca. 220.000 m³/h, 160.000 m³/h klimatisierte Luft, eine Stromversorgung von NEA, der Neuköllner-Elektro-Anlagen GmbH aus Berlin, mit 3×1.250 KVA redundant 2.500 KVA und 10 m³/h Wassergewinnung und ABC-Aufbereitung.
Bis zu 2000 Arbeiter schufen für geschätzte 3-5 Milliarden DM die Anlage „Rosengarten“, wie der Bunker auch genannt wurde.

Im Inneren wurde die Tunnelschale aus ca. 60 cm dickem Stahlbeton gegossen

Der zentrale Mischplatz mit Betonwerk und der Endstation der Materialseilbahn vom Haltepunkt Marienthal (links) Fotos: Sammlung Werner Mertens

Außenfoto von BW 123 ca. 2004

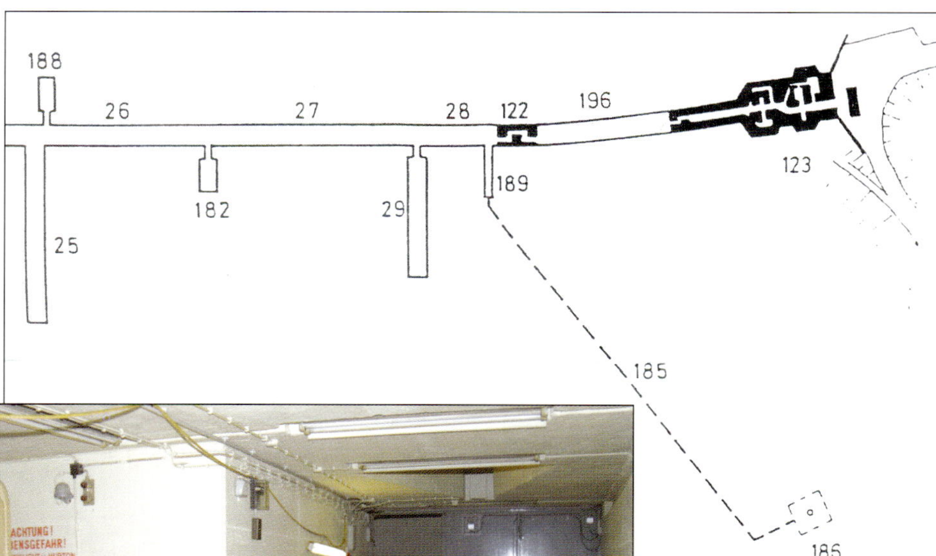

Plan des Zugangs von Ahrweiler, Bauwerk 123 und andere im Bauteil 1
Quelle: Bundesamt für Zivilschutz Abt. III - Dienststelle Marienthal

Innerer Teil des BW 123

Der Regierungsbunker mit den fünf Bauteilen

Technische Daten:	Bauteil 1 (Ost-Ost)	Bauteil 2 (Ost-West)	Bauteil 3 (West-Ost)	Bauteil 4 (West-Mitte)	Bauteil 5 (West-West)
Stollenlänge:	4.100 m	4.000 m	4.400 m	3.600 m	2.100 m
Flächen:	17.800 m²	19.800 m²	16.600 m²	18.100 m²	11.500 m²
Büroräume:	233	269	134	208	53
Schlafräume:	213	288	150	170	115
Volumen:	73.000 m³	84.500 m³	73.000 m³	84.000 m³	53.000 m³
Zugänge:	1 Eingang 1 Notausg.	1 Eingang 1 Notausg.	1 Eingang 1 Notausg.	über BT 3 1 Notausg.	1 Eingang 1 Notausg.

Schema des Bauwerks 123

Bild links: Panzerschleuse im BW 123

Blick ins Innere von BW 123 aus

Ein Drucktor im BW 123 mit einer Stoßfestigkeit von 20 atü, hergestellt von der Bochumer Eisenhütte

MAN-Schiebetor mit 25 Tonnen Gewicht und 1,3 m Dicke. In jedem Haupteingang waren zwei davon eingebaut.

Grobsandfilter für angesaugte Luft im Bauwerk 186

Das BW 122 mit dem BW 189 im Hintergrund. Von dort führte der Stollen BW 185 zum Belüftungsbauwerk 186

Der große Kabinettsaal im Bauteil 2

Schaltwarte

Dieselgetriebener Stromgenerator im Bauwerk 137 / Bauteil 2

Ein Batterieraum

Eine Batterie Druckluftflaschen für die pneumatische Schließung der Drucktore im Bauwerk 138 / Bauteil 2

Oberseite der Kraftstofftanks

Arretierter Schnellverschluss der Lüftungsanlage (Bauwerk 186)

Luftfilter gegen B- und C-Kampfstoffe der Fa. Draeger im Bauwerk 228

Das Bauwerk 123 mit aufgesetztem Wachlokal für den damaligen Bundesgrenzschutz, heute Bundespolizei

Schweres MAN-Schiebetor im Bauwerk 123

Antenne auf dem Kuxberg

Regelschrank

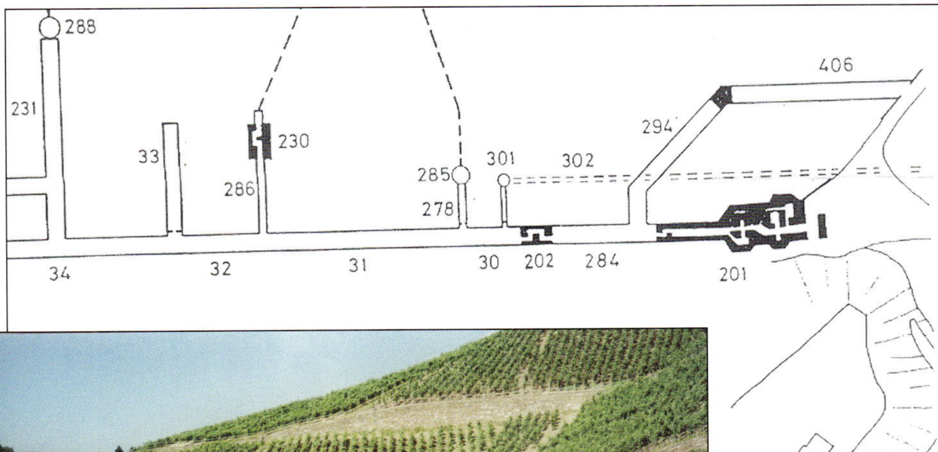

Plan des Bauwerks 201, Hauptzugang für die Bauteile 3, 4 und 5 von Marienthal aus

Quelle: Bundesamt für Zivilschutz Abt. III - Dienststelle Marienthal

Foto von BW 201 aus der Rückbauzeit

Bauwerk 223, Nebeneingang in der oberen Bachstraße / Dernau zum Bauteil 5

Quelle: Bundesamt für Zivilschutz Abt. III - Dienststelle Marienthal

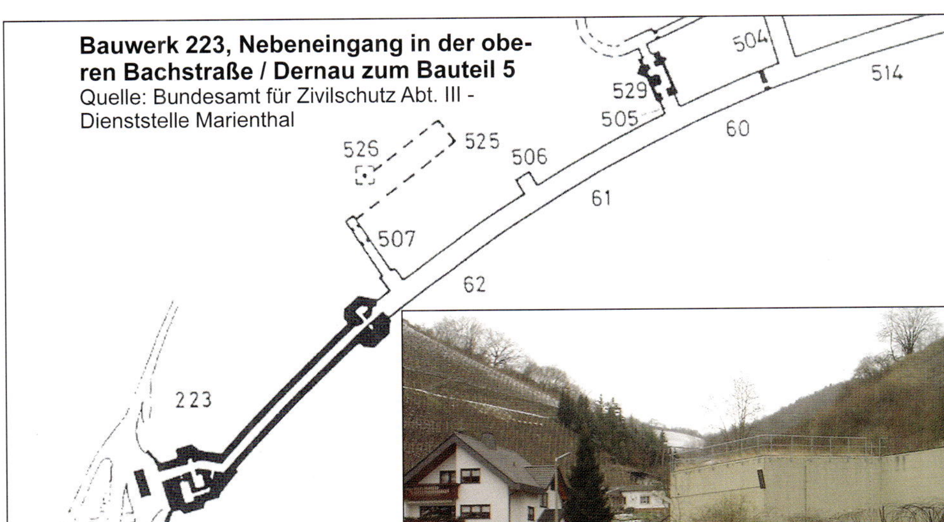

Bauwerk 223 an der Dernauer Bachstraße

Als Offizier im Regierungsbunker: Winfried Vogel

In den Jahren 1972-76 und 1979-81 war ich als Offizier im Leitungsstab des Verteidigungsministers und als Referatsleiter FüH I 3 - Innere Führung des Heeres - Teilnehmer an FALLEX-Übungen der NATO, die sich in der Hauptphase innerhalb des Ausweichsitzes der Verfassungsorgane abspielten.
Etwa alle zwei Jahre übten die wichtigsten Bonner Ministerien im Ahrtalbunker den Ost-West-Konflikt mit den Stufen Spannungszeit, erste Konflikte, Großangriff und Verteidigung als Planübung. Neben dem Bundeskanzleramt nahmen die Ministerien für Auswärtiges, Verteidigung (BMVg), Inneres, Verkehr und Landwirtschaft teil. Ein Übungsvorlauf war in den Ministerien. Mit dem Kriegsalarm „GENERAL ALERT" wurde in den Ahrtalbunker und die Ausweichgefechtsstände der Führungsstäbe der Teilstreitkräfte umgezogen. Alle NATO-Staaten vom Nordkap bis zum Schwarzen Meer nahmen an der Übung teil.

Oberst Winfried Vogel als Übungsteilnehmer

Der Bundeswehrstab für Studien und Übungen in Bensberg hatte das Szenario erarbeitet und leitete die Übung. Hochrangige Vertreter der Ministerien, meist beamtete oder parlamentarische Staatssekretäre stellten die Bundesminister-Üb bzw. den Bundeskanzler-Üb dar.
Währenddessen bezog das BMVg seine Kriegshauptquartiere bei Kastellaun, Mayen, Birkenfeld und Wilhelmshaven. Die Länder übten in ihren Regierungssitzen mit.
Die aktive Truppe (Feldherr, Luftwaffe und Marine) war spätestens ab GENERAL ALERT der NATO unterstellt, sodass dem Nationalen Befehlshaber nur das Territorialheer zur Verfügung blieb. Die Stäbe der Ministerien arbeiteten im 2-3er Schichtbetrieb. Ein eskalierendes Kriegsgeschehen wurde in täglichen Lagen geübt, das Bundeskabinett hatte morgens eine „Kanzlerlage", die Minister hatten zweimal täglich Lagevortrag. Alle Führungsstäbe übten analog und die Legislative war durch einen „Gemeinsamen Ausschuss" (GemA) von Bundestag und Bundesrat, dem Notparlament vertreten.
Nach 1-2 Wochen kam die letzte Übungsphase: Der atomare Krieg als Verfahrensübung, weil die Lage mit konventionellen Kräften nicht mehr beherrschbar war. Dieses Problem war immer deprimierend, wurde nur mit kleiner Besetzung geübt und unterlag besonderer Geheimhaltung.
Schließlich möchte ich die Hauptprobleme aller Übungen zusammenfassen:
- *Die konventionelle Verteidigung der Bundesrepublik*
- *Die Flüchtlingsbewegungen und die Versorgung der Bevölkerung*
- *Eine Not- und Infrastruktur*
- *Der Transfer von Zivilflugzeugen in die USA und deren Einsatz für Nachschubzwecke.*
- *Der Einsatz von Nuklearwaffen auf deutschem Territorium*

Als Zivilangestellter bei Übungen: Klaus Styzinski

Klaus Styzinski 1982

Mitte der 1980er Jahre habe ich mehrfach an WINTEX- bzw. FALLEX-Übungen teilgenommen. Ich war seinerzeit Angestellter des Bundesamtes für Zivilschutz in Bad Godesberg, von dem, wie von vielen Dienststellen im Bereich des Innenministeriums (BMI), Fachpersonal zur Teilnahme an diesen großen Übungen abzustellen war. Diese Übungen dienten zur Überprüfung der Regelungen und Verfahren, die zum Schutze der Bevölkerung im Krisen- und Einsatzfall geplant waren. Ich war in verschiedenen Aufgabengebieten im Warndienst und später im Bereich des Katastrophenschutzes eingesetzt. Im Rahmen der Aufenthaltsregelung zum Beispiel waren wir für die Lenkung angenommener spontaner Fluchtbewegungen der betroffenen Bevölkerung sowie geplanter Evakuierungen einschließlich der Unterbringung und Versorgung dieser Personen in vorhandene bzw. neu zu schaffende Aufnahmeräume zuständig.
Der Übungsvorlauf fand in unseren Dienststellen statt, weil es in der Regel zunächst mit angenommenen politischen Spannungen begann, die dann eskalierten bis zur Verkündung des Verteidigungsfalles nach Art. 115a des Grundgesetzes. Danach erfolgte die Verlegung der Übungsteilnehmer in den Ausweichsitz der Bundesregierung nach Marienthal. Hier kamen dann neben unserem Fachpersonal des BMI auch die übrigen Ressorts zusammen. In unserem Lagezentrum des BMI-Bereiches wurde die sogenannte zivile Lage erarbeitet, die anschließend im Rahmen der großen Gesamtlage bei der ressortübergreifenden Besprechung vorgetragen wurde. Wir selbst wurden in unseren eigenen Besprechungen anschließend über die politische und militärische Entwicklung informiert und konnten auch zum Teil per Videoübertragung die Lageentwicklung verfolgen. Zum Ende dieser Übung kam es dann zur Freigabebeantragung des Kernwaffeneinsatzes durch die NATO, um den fiktiven konventionellen Angriff der Warschauer-Pakt-Staaten zum Stehen zu bringen.
Während der Übung unter Bunkerverschluss arbeiteten wir in 8- bzw. in manchen Bereichen in 12-Stundenschichten und hatten rund um die Uhr gute und warme Verpflegung. In der „Freischicht" erfolgte der erforderliche Schlaf, aber oft blieb ich noch im Einsatzbereich, um die Lagefortführung zu beobachten.
Eine Übungsauswertung fand durch die AkZV, der Akademie für Zivilverteidigung, statt. Die einzelnen Ressorts hatten jeweils auch ihre Abschlusstreffen, so war z.B das Abschlusstreffen des Bundespresseamtes immer ein Höhepunkt. Auch der gute Ahrrotwein kam nicht zu kurz und die Versorgung klappte bestens, da es findigen „Organisatoren" stets gelang, mit den Elektrokarren Weinkartons in die Tunnelröhre zu schmuggeln, ohne dass ich allerdings in unserem Bereich je einen Betrunkenen gesehen habe. Wir betrachteten das Szenario mit großen Ernst und waren entsprechend motiviert, weil es ja um die Erprobung unserer gesamten Planung und deren Sinnhaftigkeit ging und von der schließlich die gesamte Existenz unseres Staates und aller Mitbürger abhing. Fragen nach der Standhaftigkeit des Bunkers, der, wie ich später erfuhr, die höchste Schutzklasse 10 hatte, wurden nicht groß diskutiert, und ob die Anlage einem gezielten Kernwaffentreffer standgehalten hätte, war nicht unbedingt Gegenstand längerer Diskussionen. Ebenso wenig das Verlassen des Bunkers nach 30-40 Tagen in eine möglicherweise verstrahlte, kriegszerstörte und menschenleere Außenwelt. Es waren für uns wichtige Übungen und der Regierungsbunker hat als Teil der nuklearen Abschreckung mit dafür gesorgt, dass der Kalte Krieg nicht in einen Atomkrieg eskaliert ist.

Der Rückbau der Anlage

Das Bundesamt für Bauwesen und Raumordnung (BBR) erhielt im Februar 1994 den Auftrag, eine Schwachstellenanalyse und ein brandschutztechnisches Gesamtkonzept für die 5 Bauteile zu erstellen. Die Ermittlungsergebnisse dokumentierten erhebliche Unzulänglichkeiten, die in den folgenden Jahren zu verschiedenen Konzepten

Das Bauwerk 101 in Marienthal. Oben auf dem Kuxberg sind drei Antennenmasten

BW 406 in Marienthal, siehe auch Seite 57 oben

führten, die aber nicht mehr zur Ausführung kamen. Im Dezember 1997 beschloss das Bundeskabinett, die Anlage insgesamt aus politischen Gründen zu schließen. Bereits ab Januar 1998 wurden Gespräche über eine mögliche Anschlussnutzung bzw. einen Rückbau geführt. Dabei wurden u.a. absurde Vorschläge gemacht, von denen aber keiner nach näherer Untersuchung realisierbar erschien. Oft scheiterten die Weiternutzungspläne, bei denen auch die Oberfinanzdirektion Koblenz beteiligt war, an den ernormen Unterhaltungskosten der Tunnelanlagen.

Der leere Tunnel BW 31 (Bauteil 3) während einer Ausstellung der Handwerkskammer

Der völlig leere Tunnel

Anfang Februar 1998 erhielt das BBR den Auftrag, ein „Konzept für die bauliche Schließung und Entsorgung des Ausweichsitzes der Verfassungsorgane“ zu erstellen. Unter Berücksichtigung eines erstellten Schadstoffkatasters gab es vieles, was ausgebaut werden musste bzw. zu entsorgen war:

Stahlbetondecken	ca.	13.000 m^3
Gasbetonwände	ca.	51.000 m^3
Bodenplatten	ca.	45.000 m^2
Eternitplatten	ca.	12.500 m^2
Stahlstützen und Träger	ca.	500 to
Stahleinbauten	ca.	1.100 to
Lüftungskanäle	ca.	57.000 m
Stahlrohre	ca.	52.000 m
Kabel	ca.	590.000 m
Farben, Lacke, Farbauftrag	ca.	70.000 kg
Bitumen und Korkisolierung	ca.	9.800 m^2

Mit einem Erlass vom 4.12.1998 fiel die Entscheidung für einen kompletten Rückbau, der mit 25-90 Millionen DM kalkuliert worden ist.

Eine ehemalige Toilette

Die Rückbauarbeiten begannen 2001 und waren 2006 weitgehend abgeschlossen. Die Kosten blieben mit ca. 16,6 Millionen Euro unter der kalkulierten Summe. Frühzeitig hatte man beschlossen, in einem Teil der Anlage ein „Museum des Kalten Krieges“ einzurichten.

Auf den ersten 200 m des Bauteils 1, oberhalb der „Römervilla“ von Ahrweiler, wurde mit finanzieller Unterstützung des BBR diese Gedenkstätte gestaltet und im Frühjahr 2008 eröffnet. Die Besucherzahlen der „Dokumentationsstätte Regierungsbunker“ haben im Jahre 2008 alle Erwartungen übertroffen.

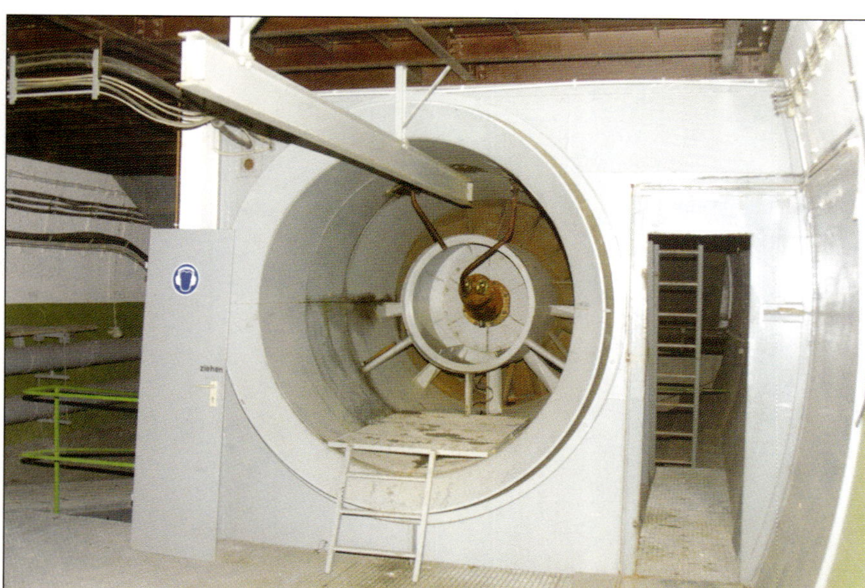

Belüftungs-ventilator im Bauteil 1

Der Autor

Wolfgang Gückelhorn wurde 1947 in Bonn geboren und lebt jetzt in Bad Breisig am Rhein. Nach der Schule und einem Berufspraktikum war er zwei Jahre Zeitsoldat in einem Koblenzer Panzerbataillon. Das Studium an der Fachhochschule Koblenz schloss er 1973 mit dem Diplom-Ingenieur (FH) ab. Seit 1984 ist er selbständiger Versicherungskaufmann. Er beschäftigt sich seit Jahrzehnten mit regionaler Zeitgeschichte.

Seit 1997 befasst er sich mit der Geschichte der V1- und V2-Einsätze aus Eifel, Hunsrück und Westerwald. Als erstes verfasste er 2002 die Dokumentation „Lager Rebstock - Geheimer Rüstungsbetrieb in Eisenbahntunnels der Eifel". Dann erschien 2004 ebenfalls im Helios-Verlag der Titel 'V1 - „Eifelschreck" - Abschüsse, Abstürze und Einschläge der fliegenden Bombe aus der Eifel und dem Rechtsrheinischen 1944/45'. Die Dokumentation „Das Ende am Rhein" folgte 2005. Im Februar 2007 brachte er zusammen mit seinem Freund und Co-Autor Detlev Paul die Dokumentation „V2 gefrorene Blitze - Einsatzgeschichte der V2 aus Eifel, Hunsrück und Westerwald 1944/45" heraus. 2008 stellte er eine zweibändige Dokumentation über die Archäologie des Zweiten Weltkrieges am Mittelrhein vor und verfasste einen zeitgeschichtlichen Führer über die Ereignisse, die am 7. März 1945 bei Remagen Kriegsgeschichte machten. Im Dezember 2008 präsentierte er die Geschichte der Koblenzer Luftschutzbunker im Zweiten Weltkrieg.

Bildbeschreibung zu Titel- und Rückseite

Titelseite:

oberes Foto: Westzugang zum Bauteil 2 (Ost/West) Bauwerk 101 / Westportal Kuxbergtunnel heute

unteres Foto: Westportal des Kuxbergtunnels in der Bauzeit 1918

Rückseite:

1 Außenbau für Antenne auf dem Kuxberg
2 Abzweigung zum Notausgang „Bunte Kuh" im Bauteil 1
3 Nordportal des Sonderbergtunnels mit ehemaligem Bahndamm im Vordergrund
4 Warnhinweis im BW 123
5 Ein unterer Flur im Regelbauwerk mit Büroräumen
6 Bauwerk 142 im Bauteil 2

Bücher von Wolfgang Gückelhorn

Gückelhorn, Wolfgang
Lager Rebstock
Geheimer Rüstungsbetrieb in Eisenbahntunnels der Eifel für V2-Bodenanlagen

112 Seiten, fest gebunden mit Schutzumschlag, 154 Abb., 29 x 24 cm;
ISBN 3-938208-30-9; **26,80 €**

Gückelhorn, Wolfgang / Paul, Detlev
V2 gefrorene Blitze
Einsatzgeschichte der V2 aus Eifel, Hunsrück und Westerwald 1944/45
224 Seiten, fest gebunden mit Schutzumschlag, 398 Fotos/Abbildungen, 64 Zeichnungen, 75 Tabellen, Großformat, 28 x 23 cm;
ISBN 978-3-938208-43-4; **34,00 €**

Gückelhorn, Wolfgang / Paul, Detlev
V1 - „Eifelschreck" –
Abschüsse, Abstürze und Einschläge der fliegenden Bombe aus der Eifel und dem Rechtsrheinischen 1944/45

208 Seiten, gebunden mit Schutzumschlag, 232 Fotos, 72 Zeichnungen, 80 Tabellen, 22,5 x 28 cm;
ISBN 3-933608-94-5; **32,50 €**

Gückelhorn, Wolfgang
Archäologie des Zweiten Weltkrieges am Mittelrhein –
Bodendenkmäler, Bauten und Ruinen erinnern

Teil I
120 Seiten, fest gebunden, 73 Karten, 386 Fotos/Abbildungen, Großformat, 23 x 28 cm;
ISBN 978-3-938208-58-8; **26,80 €**

Teil II
156 Seiten, fest gebunden mit Schutzumschlag, 626 Abbildungen, Großformat 23 x 28 cm
ISBN 978-3-938208-77-9 **29,70 €**

Gückelhorn, Wolfgang
7. März 1945 Das Wunder von Remagen –
Zeitgeschichtlicher Führer zu den Ereignissen, die im März 1945 Kriegsgeschichte machten

64 Seiten, fest gebunden mit Schutzumschlag, 13 Karten, 113 Abbildungen, 23 x 16 cm; ISBN 978-3-938208-65-6
auch in englisch ISBN 978-3-938208-75-5
jeweils 12,50 €

Gückelhorn, Wolfgang
Die Koblenzer Luftschutzbunker im alliierten Bombenhagel
Luftschutzmaßnahmen und -anlagen von Koblenz im Zweiten Weltkrieg und ihre Wirkung

144 Seiten, fest gebunden mit Schutzumschlag, 470 Abbildungen, 40 Karten, 23 x 28 cm;
ISBN 978-3-938208-82-3 **26,80 €**

Helios Verlags- und Buchvertriebsgesellschaft, Postfach 39 01 12, 52039 Aachen
Telefon: 0241-55 54 26 - Fax: 0241-55 84 93; Mail: Helios-Verlag@t-online.de; www.helios-verlag.de
versandkostenfreie Auslieferung innerhalb Deutschlands